GRUNDBEGRIFFE DER KOLLOIDCHEMIE

UND IHRER ANWENDUNG IN BIOLOGIE UND MEDIZIN

EINFÜHRENDE VORLESUNGEN

VON

Dr. HANS HANDOVSKY
A. O. PROFESSOR AN DER UNIVERSITÄT
GÖTTINGEN

ZWEITE
DURCHGESEHENE AUFLAGE

MIT 6 ABBILDUNGEN

SPRINGER-VERLAG BERLIN HEIDELBERG GMBH
1927

ALLE RECHTE, INSBESONDERE DAS DER ÜBERSETZUNG
IN FREMDE SPRACHEN, VORBEHALTEN.

VON DER ERSTEN AUFLAGE ERSCHIEN 1925 EINE
ÜBERSETZUNG INS RUSSISCHE

ISBN 978-3-662-31373-2   ISBN 978-3-662-31578-1 (eBook)
DOI 10.1007/978-3-662-31578-1

Vorwort zur ersten Auflage.

Als vor Jahresfrist mein „Leitfaden der Kolloidchemie für Biologen und Mediziner" herauskam, hatte ich wohl die Genugtuung, in öffentlicher und privater Kritik manche Worte des Lobes zu hören, aber Rücksprache mit jüngeren Kollegen, für die das Buch in erster Linie geschrieben war, ließ mich bald erkennen, daß es trotz sorgfältiger Auswahl besonders für den Studierenden der Medizin zuviel Neues bringt, um von ihm mit Gewinn verarbeitet werden zu können. Vielleicht hängt dies, wie mir der vor wenigen Monaten verstorbene Führer der deutschen physikalisch-chemischen Biologie, Franz Hofmeister, gelegentlich schrieb, damit zusammen, daß „der herrschende Studiengang ausschließlich aufs Auge — auf Morphologie — gerichtet ist". Jedenfalls schien es mir gestattet, dem Mediziner und Biologen durch eine kleine Einführung den Weg zur physikalisch-chemischen Biologie zu erleichtern. Ich hielt mich daher berechtigt, die Vorlesungen, die ich in diesem Wintersemester vor einer Hörerschaft von Medizinern, Biologen und Chemikern hielt, hiermit einem weiteren Leserkreis zugänglich zu machen.

Es soll und kann sich in diesem Büchlein nur um eine primitive Einführung handeln, die das weitere Studium erleichtern soll; von einer Kritik der besprochenen Erscheinungen mußte daher abgesehen werden, ebenso mußte ich darauf verzichten, Namen zu nennen, die ja dem Anfänger ohnedies nicht viel bedeuten können. Zum weiteren Studium darf ich wohl für kolloidchemische Fragen auf meinen eingangs erwähnten Leitfaden hinweisen und für Probleme der physikalisch-chemischen Biologie auf das bekannte Buch von R. Höber, Physikalische Chemie der Zelle und Gewebe, das jetzt in fünfter Auflage erscheint.

Möge das Büchlein viele junge Kollegen anregen, Freude an der Beschäftigung mit physikalisch-chemischen Problemen zu gewinnen und an der Bearbeitung der vielen, wichtigen Fragen der physikalisch-chemischen Biologie und Medizin teilzunehmen.

Göttingen, März 1923.

Hans Handovsky.

Vorwort zur zweiten Auflage.

Meine Lehrerfahrungen der letzten Jahre haben mich in der Ansicht bestärkt, daß es viele Mediziner und Biologen gibt, die die kolloidchemischen Grundphänomene kennen lernen müssen und wollen, ohne die Möglichkeit zu haben, größere Kompendien durchzuarbeiten. Für diese wurde die erste Auflage durchgesehen und neu herausgegeben.

Sie soll eine Grundlage für das Studium der allgemeinen physiologischen, pathologischen und pharmakologischen Erscheinungen bilden.

Göttingen, Januar 1927.

Hans Handovsky.

Inhaltsverzeichnis.

                                                                Seite
I. Einleitung. Definition, Entstehung, Charakteristik kolloider
   Systeme.   1
II. Vom Nachweis kolloider Systeme   6
III. Von den Bedingungen der Stabilität kolloider Systeme (Oberflächenspannung, Hydratation, elektrische Ladung)   11
IV. Von den Bedingungen der Stabilität kolloider Systeme (Weiteres über die elektrische Ladung)   14
V. Von den Bedingungen der Stabilität kolloider Systeme (Weiteres über die elektrische Ladung; die Stabilität der Gallerten)   18
VI. Von den Reaktionen in kolloiden Systemen   23
VII. Von der Kolloidchemie der Eiweißkörper   27
VIII. Über Methoden zur Untersuchung kolloidchemischer Veränderungen des lebenden Gewebes   33
IX. Vom Wasserhaushalt der Zellen und Gewebe   38
X. Von den Oberflächenaffinitäten der Zellen und Gewebe . . .   44
XI. Von den elektrischen Vorgängen in der Zelle   50
XII. Über Permeabilität und Spezifität   55
Sachverzeichnis   63

I. Einleitung.
Definition, Entstehung, Charakteristik kolloider Systeme.

Das Protoplasma ist dadurch charakterisiert, daß es aus Kolloiden aufgebaut ist, aus Eiweißkörpern, Kohlehydraten, Lipoiden. Das erscheint wichtig nicht nur für die Wesenheit der Form der Zellen, sondern auch für die Vorgänge in ihr. Die Formbeständigkeit, daß die gleiche Form in derselben Zellart trotz ununterbrochener Veränderungen und irreversibler Vorgänge immer wiederkehrt, ist eine fundamentale biologische Tatsache. Es hat nicht daran gefehlt, zu ihrem Verständnis Vergleiche in der unbelebten Natur zu suchen. Am nächsten lag der Vergleich mit den Kristallen, die so zustande kommen, daß sich Atome oder Moleküle mit Hilfe der Gitterenergie zu symmetrischen Raumgittern anordnen. Aber gerade die Biokolloide haben eine geringe Gitterenergie, eine geringe Kristallisationstendenz, es bedarf besonderer Maßnahmen, um sie zur Kristallisation zu bringen. Dagegen kennen wir aus der Kolloidchemie den Vorgang der Erstarrung bei vielen kolloiden Systemen mit ultramikrokristalliner Struktur; am bekanntesten sind die Erstarrungsphänomene beim Leim. Wie sehr diese Erstarrungs- und die reziproken Verflüssigungsvorgänge an Formbildung und Formerhaltung beteiligt sind, läßt sich nicht sagen, doch sind sie auch in anderer Hinsicht biologisch wesentlich: durch die durch sie hervorgerufene Veränderung der Viskosität ist die Möglichkeit gegeben, Substanzen mit größerer oder kleinerer Geschwindigkeit in die Zellen ein- und aus ihnen austreten zu lassen, der ganze für das Leben so wesentliche Stoffaustausch zwischen Zellinnerem und Umgebung hängt mit diesen Zustandsänderungen der Biokolloide zusammen. Wir wissen aber auch, daß Formänderungen, z. B. von Gallerten, durch chemische Beeinflussungen hervorgerufen werden können, und so scheint uns die Kolloidchemie geeignet, einen Weg zu zeigen, auf dem man den biologisch so fundamentalen Zusammenhang zwischen Form und Chemismus wird suchen müssen. Dazu kommt noch, daß manche chemische Reaktionen, die wir in Laboratorien nur durch gewaltsame Einwirkungen, z. B. hohe Drucke und Temperaturen, Einwirkung sehr starker lebenvernichtender Konzentrationen von Chemikalien hervorrufen können, in der Zelle, wahrscheinlich an kolloiden Oberflächen mit Leichtigkeit vor sich gehen; hierher gehören die große Gruppe der fermentativen Erscheinungen, fermentative Spaltungen, Oxydationen u. dgl. In vielen Richtungen werden wir Biologen somit auf die Kolloidchemie hingewiesen; die Kenntnis der an sich schon komplizierten Reaktionen in einfachen kolloiden Systemen, Vorgänge, die von den Gesetzmäßigkeiten der klassischen physikalischen Chemie (Stöchiometrie, Massenwirkungsgesetz) abweichen, vermögen unser Verständnis für die noch komplizierteren elementaren biologischen Vorgänge zu vergrößern. So ist die Kolloidchemie eine gleichberechtigte biologische Hilfswissenschaft geworden, etwa wie die analytische Chemie oder die Morphologie in ihren verschiedenen Zweigen. Was sind nun die Charakteristika kolloider Systeme?

Wirft man ein Stück Zucker in Wasser, dann verschwindet es schließlich für unser Auge; chemisch können wir den Zucker, wenn wir das Gefäß gut umschütteln, in jeder Flüssigkeitsschicht nachweisen, sehen können wir ihn aber auch mit unseren besten Mikroskopen nicht; er hat sich in auch mikroskopisch nicht mehr wahrnehmbare Teilchen, in Amikronen, zerteilt. Aus physikalischen Messungen kann man aber berechnen, in wieviel Teile sich eine bestimmte Menge Zucker zerteilt hat und wie groß diese Teilchen ungefähr sind. Wir erfahren so, daß der Zucker bis in seine Moleküle zerfallen ist und daß diese kleiner als 1 $\mu\mu$, d. i. 0,000 001 mm, sind. Man nennt im allgemeinen solche gleichmäßige Zerteilungen einer Substanz in einer anderen — es muß durchaus nicht die Verteilung einer festen in einer flüssigen sein — Dispersionen, das ganze System disperses System, die sich zerteilende Substanz disperse Phase, die andere Dispersionsmittel. In unserem speziellen Falle nennt man die Dispersion Auflösung, der Zucker hat sich im Wasser gelöst, es gehört zu seinen physikalischen Eigenschaften, daß er in Wasser löslich ist, d. h. also, er hat sich im Wasser in Teilchen zerteilt, die kleiner sind als 1 $\mu\mu$. Man nennt solche disperse Systeme molekulardisperse Systeme.

Nicht alle Substanzen sind imstande, sich in anderen zu so kleinen Teilchen zu zerteilen, z. B. Eiweißkörper oder Stärke können das nicht; auch sie können sich unter Umständen in Wasser gleichmäßig zerteilen, aber die kleinsten Teilchen sind größer als 1 $\mu\mu$; man nennt solche disperse Systeme, bei denen die kleinsten Teilchen 1 bis 100 $\mu\mu$ groß sind, **kolloide Systeme**, wenn sie noch größer sind, **grobdisperse** Systeme. Bis zu welchem Grade sich eine Substanz in einer anderen zerteilt, ob dabei molekular-, kolloid- oder grobdisperse Systeme entstehen, das hängt von den Eigenschaften beider Phasen, der dispersen Phase und des Dispersionsmittels, ab.

Wir wollen uns im folgenden mit den kolloiddispersen Systemen beschäftigen, und da wollen wir uns zunächst drei Fragen stellen: 1. Wie entstehen kolloide Systeme? 2. Wie können Systeme, die aus so großen Teilchen bestehen, stabil sein? und 3. Gibt es Erscheinungen, die für den kolloiden Zustand charakteristisch sind und die uns ein Recht geben, von besonderen kolloiden Reaktionen zu sprechen?

Zunächst die Entstehung kolloider Systeme! Sie ist eigentlich aus der Definition von selbst verständlich. Ein kolloiddisperses System entsteht, wenn sich die Teilchen eines grobdispersen Systems weiter zerteilen, also durch **Dispersion**, oder wenn sich die Teilchen eines molekulardispersen Systems bis zu kolloiden Dimensionen (1 bis 100 $\mu\mu$) vereinigen, man spricht dann von **Kondensation**. Das Endprodukt dieser Dispersions- oder Kondensationsvorgänge nennt man **Sol**.

Von den Dispersionsvorgängen ist der **Auflösungsvorgang** am besten bekannt, den wir auch bei unserem Beispiel der Auflösung des Zuckers in Wasser herangezogen haben; mit ihm wollen wir uns zunächst näher beschäftigen! Er besteht aus drei Teilvorgängen: zuerst muß es zu einer **Adhäsion** des Lösungsmittels an den zu lösenden, z. B. festen Körper, kommen, dann zum eigentlichen Auflösungsvorgang, der in einem Eindringen des Lösungsmittels zwischen die Teilchen, schließlich zwischen die Moleküle des zu lösenden Stoffes besteht, und endlich zu einer Verteilung der losgelösten Teilchen (Moleküle) im gesamten Lösungsmittel bis zur Gleichmäßigkeit, indem diese von Orten höherer Konzentration zu Orten niederer Konzentration wandern; wir nennen diesen letzten Vorgang **Diffusion**. Die Auflösung hat ihr Ende erreicht, wenn ein Gleichgewicht zwischen dem festen Bodenkörper und den gelösten Molekülen eingetreten ist, man spricht dann von einer gesättigten Lösung und nennt die Anzahl Gramme der zu lösenden Substanz, die sich in 100 ccm des Lösungsmittels gelöst haben, die Löslichkeit derselben.

Ähnlich haben wir uns auch die Dispersion zu kolloiden Systemen vorzustellen, nur daß hier eben die Zerteilung in kolloiden Dimensionen stehen bleibt. Man nennt diese Zerteilungen fast allgemein Peptisationen und unterscheidet spontane Peptisationen, bei denen die physikalische Adhäsion zur Einleitung des Dispersionsvorganges genügt, und solche, bei denen eine chemische Einwirkung beider Phasen aufeinander vorangeht. Auflösung und Peptisation sind zunächst dadurch verschieden, daß bei ersterer, wie schon gesagt, ein Gleichgewicht entsteht, d. h. man kommt sowohl von übersättigten Lösungen als auch von ungesättigten zu der stets gleichkonzentrierten gesättigten. Bei der Peptisation kommt es meist nicht zu einer Gleichgewichtslage, weil sich nämlich, wie wir noch hören werden, der Zustand der Kolloide bei der Konzentrierung verändert. Auch quantitativ besteht, was aus der Definition hervorgeht, zwischen beiden Vorgängen ein Unterschied. Von molekulardispers gelösten Stoffen zerfällt ein Grammmolekül eines jeden, also soviel Gramme, als dem Molekulargewicht entspricht, in $6{,}3 \times 10^{23}$ Moleküle; man nennt bekanntlich eine solche Zerteilung, wenn sie in einem Liter vor sich geht, eine molare Lösung. Anders bei den Kolloiden. Nehmen wir z. B. an, Gold würde sich in Wasser lösen, dann zerfiele $1/_{1000}$ Grammol Gold in einem Liter Wasser in $6{,}3 \times 10^{23} : 1000$ Teilchen (Moleküle), nun bilden aber z. B. 400 Moleküle Gold 1 kolloides Goldteilchen; danach besteht dann $1/_{1000}$ Grammol Gold aus $6{,}3 \times 10^{23} : 400\,000$ Teilchen (Kolloidteilchen).

Für die quantitative Reaktionsfähigkeit eines molekulardispersen Systems ist daher die Zahl der Moleküle maßgebend, es sind ja stets Moleküle, die miteinander reagieren, man spricht von molaren, dreifach molaren, $1/_{10}$ molaren usw. Lösungen; für die Reaktionsfähigkeit so großer Teilchen wie der kolloiden kommt auch die räumliche Anordnung in Betracht und damit z. B. die Oberflächenspannung, -ladung usw., wovon noch ausführlich die Rede sein wird. Da bei der Zerteilung einer Masse natürlich die Oberfläche schneller zunimmt als die Zahl der Teilchen, hat man zur

Charakterisierung der Reaktionsfähigkeit der Kolloide einen Begriff gebildet, der das Verhältnis der entstandenen Oberfläche zu der zu zerteilenden Gesamtmasse zur Grundlage hat: Man nennt das Verhältnis Oberfläche : Masse den **Dispersitätsgrad** eines Kolloids und spricht von hochdispersen und niedrigdispersen Systemen, je nachdem der Dispersitätsgrad des Systems groß oder klein, bzw. die Größe der einzelnen Teilchen klein oder groß ist, ebenso von homo- oder heterodispersen Systemen, je nachdem die Teilchen des Systems gleich oder verschieden groß sind. Zugrunde gelegt ist die Erfahrung, daß mit zunehmender Zerteilung die Oberfläche zunimmt und damit die Oberflächenenergien.

Nun noch einiges über die Kondensationsvorgänge bei der Kolloidbildung; es handelt sich dabei um eine Aneinanderlagerung der Moleküle bis zu kolloiden Dimensionen. Wir müssen da zwei neue Begriffe einführen: Die kleinsten Teilchen eines Stoffes, die in einem bestimmten kolloiden System bereits kolloide Eigenschaften haben, nennt man **Primärteilchen**; in ihnen sind soviel Moleküle unter Wahrung ihrer chemischen Individualität zusammengetreten, daß die so entstandenen Teilchen kolloide Dimensionen haben (1 bis 100 $\mu\mu$); sie sind massiv erfüllt, dabei ist ihre Größe keineswegs konstant, sie hängt vollkommen von der Darstellung ab, ganz im Gegensatz zu den chemischen Molekülen. Infolge ihres Kondensationsbestrebens (Adhäsion, Kristallisationstendenz, Gelatinierungstendenz usw.) werden die Primärteilchen, die sich ja, wie wir noch besprechen wollen, in ständiger Bewegung befinden, ebenso wie die Moleküle, wenn sie sich gegenseitig berühren, zu größeren Komplexen zusammentreten, die man, wenn sie Dispersionsmittel eingeschlossen enthalten, **Sekundärteilchen** nennt. Wir müssen also zwei grundverschiedene Typen von Kolloiden unterscheiden, solche, die beim Teilchenwachstum Lösungsmittel mit einschließen, und solche, die das nicht tun. Je nach der Beziehung der beiden Phasen zueinander pflegt man ferner die zwei Typen von Kolloiden, lyophile und lyophobe, zu nennen. Die lyophilen Kolloide haben intensivere Beziehungen zum Lösungsmittel, man kann sie in höheren Konzentrationen darstellen als die lyophoben, sie sind stabiler als diese; ihre disperse Phase ist mehr flüssig, man nennt sie daher auch **Tröpfchen- oder Emulsionskolloide**. Die disperse Phase der lyophoben Kolloide ist mehr fest, man nennt sie dann Suspensionskolloide, sie bestehen aus winzigen Kriställchen.

Bisher haben wir von Solen gesprochen, also von dispersen Systemen, in denen Teilchen fester oder flüssiger Körper von kolloiden Dimensionen in einer Flüssigkeit stabil verteilt sind. Es gibt aber noch andere Formen. Wenn die Kolloidteilchen von selbst durch Wachstum oder durch äußere Einflüsse immer größer werden, bis sie schließlich sichtbare Flocken bilden und ausfallen, dann nennt man das kolloide System ein Gel. Kann man das Gel wieder zum Sol zerteilen, dann nennt man es resolubel. Voraussetzung hierzu ist, daß sich die Kolloidteilchen bei der Gelbildung nicht verändert haben; haben sie sich chemisch oder physikalisch verändert, dann spricht man von denaturierten Gelen, ist die Veränderung so weit gegangen, daß keine Zerteilung mehr möglich ist, von irresolublen. Eine andere Form kolloider Systeme sind die Gallerten. Man kann sie als erstarrte Sole auffassen. Sie sind dadurch charakterisiert, daß sie eine Formbeständigkeit (Struktur) haben; es ist eine Eigenschaft bestimmter Stoffe, zu gelatinieren, Gallerten zu bilden. In den Gallerten besteht eine sehr innige Beziehung zwischen beiden Phasen, so daß z. B. wässerige Gallerten noch bei einem sehr großen Wassergehalt, etwa 98 vH, eine eigene Form haben können. Die Gallerten haben Eigenschaften beider Aggregatzustände, des festen und des flüssigen, vom festen haben sie eigene Form und Elastizität, vom flüssigen die meßbare Zähigkeit. Es dürfte sich als nützlich erweisen, noch eine Form von Kolloiden als eigene Klasse zu betrachten, die Mischkolloide, es sind das Kolloide, bei denen die Sekundärteilchen aus chemisch verschiedenen Primärteilchen bestehen; hierher gehört der Cassiussche Purpur, hierher gehört auch, wie wir noch zu beweisen versuchen werden, das Protoplasma.

II. Vom Nachweis kolloider Systeme.

Zum Nachweis, daß ein System kolloid ist, kann man sich zweier Gruppen seiner Eigenschaften bedienen: 1. mechanischer, 2. optischer.

Um die mechanischen Eigenschaften der Kolloide verstehen zu können, müssen wir uns ein wenig mit der molekularkinetischen

Auffassung vom Bau der Materie beschäftigen; nach dieser sind die kleinsten Massenteilchen, die Atome, in ständiger Bewegung begriffen; man nennt diese Molekularbewegung. Die Molekularbewegung kann natürlich nur erschlossen werden, aber je größer die Massenteilchen sind, umso eher setzen uns unsere optischen Hilfsmittel instand, unter günstigen Bedingungen auch die „Molekularbewegung" solcher Teilchen, und zwar bis zu 5000 $\mu\mu$ beobachten zu können; man nennt diese Bewegung der Teilchen kolloider oder grobdisperser Dimensionen Brownsche Bewegung; wir werden die zu ihrem Nachweis nötige Methodik bei den optischen Methoden besprechen. Infolge dieser Bewegung kommt es zu einem Wandern der Teilchen, wir haben solche freiwillige Wanderung von Teilchen eines dispersen Systems von Orten höherer zu solchen niederer Konzentration bereits als Diffusion kennen gelernt. Die Diffusionsgeschwindigkeit hängt bei bestimmter Temperatur von zwei physikalischen Größen ab: 1. von der Größe der Teilchen und 2. von der Zähigkeit des Mediums; wenn man das letztere gleich hält, nur von der Teilchengröße. Wenn man also z. B. einige Reagensgläser mit 3 proz. Gelatine füllt, diese erstarren läßt und mit gefärbten Lösungen molekulardispers verteilter Salze und mit kolloiden Lösungen verschieden disperser Farbstoffe überschichtet, dann wird man an diesem einfachen Experiment sehen, daß die molekulardisperse Salzlösung schon in wenigen Minuten in die Gelatine einzudringen beginnt und in wenigen Stunden am Boden des Reagensglases angelangt ist. Die hochdispersen kolloiden Farbstoffe (Methylenblau, Methylviolett) brauchen dazu Stunden, niedriger disperse (Kongorot) Tage bzw. Wochen. Es ist also die Diffusionsgeschwindigkeit kolloider Teilchen in verdünnte Gallerten (die von der in Wasser kaum verschieden ist) ein annäherndes Maß für den Dispersitätsgrad. Darauf beruht ein weiterer mechanischer Nachweis von Kolloiden. Kolloide gehen nämlich durch Papier- und Tonfilter hindurch, nicht aber durch kolloide Membranen, wie Pergamentpapier, Kollodiumhülsen, tierische Häute (Goldschlägerhaut, Fischblasencondoms). Durch diese kolloiden Membranen passieren nur Teilchen bis zu ungefähr 1 $\mu\mu$, durch Tonkerzen solche bis zu etwa 100 $\mu\mu$ und duch Papierfilter bis zu etwa 1000 $\mu\mu$. So kann man gut und schlecht diffundierende Teilchen trennen und nennt diesen Vorgang Dialyse. Man macht diese Versuche so, daß man das zu untersuchende disperse System in eine Hülse aus einem der erwähnten kolloiden Materialien gießt und diese dann in ein mit destilliertem Wasser gefülltes Becherglas eintaucht. Von Zeit zu Zeit sieht man nach, ob etwas von dem Inhalt der Hülse hinausdiffundiert ist. Man kann auch durch kolloide Membranen unter Druck filtrieren; diese Methode nennt man Ultrafiltration. Man kann so durch verschieden dichte Filter Kolloide verschiedener Dispersitätsgrade trennen, ebenso das Dispersionsmittel von der dispersen Phase. Diese Methoden sind für biologische Zwecke die wichtigsten, weil hier die optischen Methoden meist versagen; freilich wird man durch Dialyse unter Umständen das Kolloid verdünnen, durch Ultrafiltration einengen; in beiden Fällen kann es verändert werden.

Nun zu den optischen Methoden zum Kolloidnachweis: Hält man eine planparallele Küvette (es kann übrigens auch ein breites Reagensglas sein), die mit einer kolloiden Lösung gefüllt ist, in den Lichtkegel einer starken Lichtquelle (Bogenlampe), dann bemerkt man, daß nicht nur der Teil der Flüssigkeit, durch den der Lichtstrahl hindurchgeht, hell beleuchtet ist, sondern daß der Teil der Flüssigkeit senkrecht zur Einfallsrichtung des Lichtstrahles einen bläulichen Lichtkegel aussendet, der aus abgebeugtem Licht besteht. Daß es sich hierbei um in einer Richtung abgebeugtes Licht handelt, kann man nachweisen: Beobachtet man nämlich eine allseitig ausstrahlende Lichtquelle (z. B. eine elektrische Birne) durch ein Nicolsches Prisma, dann kann man dieses drehen, wie man will, die Lichtquelle wird immer gleich hell erscheinen; anders, wenn man in einer Ebene schwingendes Licht (polarisiertes Licht) beobachtet; dieses wird bei einer Stellung des Nicols am hellsten und senkrecht darauf ganz dunkel erscheinen. So kann man beweisen, daß das von hell beleuchteten kolloiden Lösungen senkrecht zur Einfallsrichtung des Lichtes ausgesandte Licht wirklich abgebeugtes Licht ist; der Lichtkegel erscheint bläulich, weil die blauen kurzwelligen Lichtstrahlen am stärksten abgebeugt werden. Die gesamte Erscheinung nennt man Tyndallphänomen. Diese Beugungserscheinungen sind natürlich nur möglich, wenn beugende Oberflächen da sind. Das Tyndallphänomen ist somit ein sehr feiner Indicator für solche beugende Oberflächen und somit zum Nachweis des kolloiden Zustandes. Um die einzelnen kolloiden Teilchen sichtbar zu machen, bedarf es besonderer physikalischer Bedingungen und methodischer Vorrichtungen. Die Beobachtung muß natürlich durch das Mikroskop geschehen. Die physikalische Voraussetzung ist, daß die Brechungsexponenten beider Phasen verschieden sind, sonst kann man sie im Mikroskop nicht voneinander unterscheiden. Wir müssen uns nun bemühen, die einzelnen Teilchen besonders stark zu beleuchten und einen möglichst großen Kontrast zwischen den Teilchen und ihrer Umgebung zu erzeugen. Beides ist im Ultramikroskop verwirklicht, bei dem man mit starken Lichtquellen (Bogenlampen) und mit Dunkelfeldbeleuchtung arbeitet. Das Prinzip der Dunkelfeldbeleuchtung beruht darauf, daß kein direktes Licht von der Lichtquelle ins Auge gelangt, sondern nur abgebeugtes. Wenn das Licht auf ein kolloides Teilchen auffällt, dann geht ein Teil hindurch, ein anderer wesentlich geringerer wird abgebeugt, wie das aus der Skizze in Abb. 1 ersichtlich ist, in der

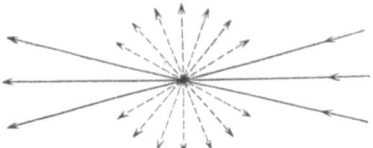

Abb. 1. Die ausgezogenen Linien, die in dem einen Punkt zusammentreffen, stellen die einfallenden Lichtstrahlen des diesen Punkt beleuchtenden Lichtes dar; sie gehen durch den Punkt mit ungefähr gleicher Intensität in der ursprünglichen Richtung hindurch; die punktierten Linien stellen die Strahlen des wesentlich schwächeren abgebeugten Lichtes vor.

die ausgezogenen Linien das durchfallende, die gestrichelten das gebeugte Licht bedeuten (Abb. 1, Abb. 2). Nur dieses abgebeugte Licht wollen wir im Ultramikroskop sehen. Man bedient sich dazu zweierlei Apparaturen: 1. der Kondensoren; ihr Prinzip besteht darin, wie in der Skizze in Abb. 2 angedeutet ist, daß die einfallenden Lichtstrahlen an der Grenze Deckglas — Luft total reflektiert werden und alle das optische System wieder verlassen, so daß keiner ins Auge gelangt, sondern nur das abgebeugte Licht. Um eine möglichst intensive Beleuchtung zu erzielen, ist es nötig, daß sich die Lichtstrahlen in einer Ebene des Präparates vereinigen, dazu muß zunächst die Möglichkeit ausgeschaltet werden, daß an der Grenzfläche Kondensor—Luft eine Totalreflexion auftritt, indem man zwischen Kondensor und Objektträger eine Substanz mit höherem Brechungsindex als Luft bringt (Wasser); dann muß aus demselben Grunde darauf gesehen werden, daß der

Objektträger eine bestimmte Dicke hat. Die Technik hat zwei Typen von Kondensoren ausgearbeitet, den Paraboloid- und den Kardioidkondensor: bei dem ersteren ist die Vereinigung der Lichtstrahlen etwas mehr flächenhaft, die erzielbare Helligkeit bei gleicher Lichtquelle geringer, dafür aber das Zentrieren einfacher; bei den Kardioidkondensoren (von Zeiß oder Leitz) ist die Vereinigung der Lichtstrahlen punktförmig, die Helligkeit daher maximal, die Zentrierung, besonders bei größeren Serienversuchen, mühsam; für die Beobachtung biologischer Präparate (Blutkörperchen, Protozoen usw.) ist die Verwendung von Ölimmersion und Paraboloidkondensor am meisten zu empfehlen. 2. Die zweite Einrichtung ist das Ultramikroskop, das zuerst als Spaltultra-

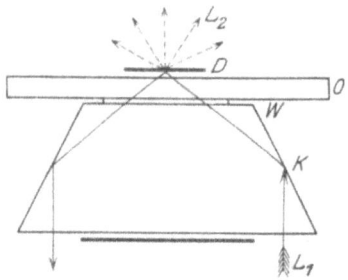

Abb. 2. Der von der Lichtquelle kommende, durch den hier nicht gezeichneten Spiegel des Mikroskops in den Kondensor geworfene Lichtstrahl L_1, wird im Kondensor K mehrfach gebrochen, geht durch den Wassertropfen W und den Objektträger O, durch Präparat und Deckglas D und wird an der Grenzfläche Deckglas – Luft in den Kondensor total reflektiert. Ins Auge gelangen bloß die abgebeugten Lichtstrahlen L_2.

mikroskop von Siedentopf und Zsigmondy konstruiert wurde. Bei diesem gehen die beleuchteten Lichtstrahlen durch einen Spalt und werden durch ein Objektiv (Beleuchtungsobjektiv) gesammelt; dieses Objektiv wird mittels einer geeigneten Vorrichtung mit der zu untersuchenden Flüssigkeit bespült; senkrecht zum Beleuchtungsobjektiv befindet sich das Beobachtungsobjektiv, durch dieses können also auch nur die senkrecht abgebeugten Lichtstrahlen gesehen werden; das Spaltultramikroskop eignet sich besonders zur Untersuchung von Flüssigkeiten. Untersucht man homogenes Material im Dunkelfeld, so sieht man nichts als eine dunkle Fläche, untersucht man aber ein kolloides System, bei dem die Brechungsindices beider Phasen verschieden sind, z. B. eine kolloide Gold- oder Silber- oder Tuschesuspension, dann sieht man im dunklen Gesichtsfeld hell aufleuchtende Pünktchen, oft von verschiedener Farbe, Pünktchen, die in lebhaftester tanzender Bewegung sind, in Brownscher Molekularbewegung. Mit Hilfe einer der angegebenen Methoden kann man sich also vergewissern, ob man es mit einem kolloid- oder mit einem molekulardispersen System zu tun hat.

III. Von den Bedingungen der Stabilität kolloider Systeme.
(Oberflächenspannung, Hydratation, elektrische Ladung.)

Wir wollen uns nunmehr der Beantwortung der zweiten Frage zuwenden, über die Bedingungen der Stabilität der kolloiden Systeme und besonders der uns vornehmlich interessierenden lyophilen Kolloide. Unter Stabilität eines kolloiden Systems wollen wir die Erhaltung eines mittleren Dispersitätsgrades verstehen. Es gehen ja in einem kolloiden System ständig Dispersions- und Kondensationsvorgänge vor sich. Solange dieselben um eine mittlere Teilchengröße pendeln, können wir von einem stabilen System sprechen; nehmen die Kondensationsvorgänge überhand, werden die Teilchen immer größer, dann kommt es schließlich zur Koagulation; überwiegen die Dispersionsvorgänge, dann kommt es zur Peptisation des kolloiden Systems.

Welche Eigenschaften der Teilchen sind nun für die Erhaltung des Dispersitätsgrades wichtig? Schematisierend wollen wir sie folgendermaßen zusammenfassen: 1. Oberflächenspannung, 2. Hydratation, 3. elektrische Ladung.

1. Eine Oberflächenspannung ist überall vorhanden, wo freie Oberflächen sind, sie bewirkt die bei gleichem Volum eines Massenteilchens kleinste Oberfläche. Das Zustandekommen der Oberflächenspannung an der Grenzfläche Flüssigkeit—Luft können wir uns so vorstellen: Die Moleküle im Inneren einer Flüssigkeit ziehen einander nach allen Richtungen gleichmäßig an, die an der Oberfläche gelegenen Moleküle werden jedoch nur nach innen gezogen, und ein Teil der Moleküle wird die Tendenz haben, die Flüssigkeit zu verlassen, zu verdampfen. Die Kraft, die die Flüssigkeitsmoleküle in der Oberfläche zurückhält, ist die Oberflächenspannung. Das Produkt Oberflächenspannung × Ober-

fläche ist die Oberflächenenergie. Diese hat, wie jede Energie, die Tendenz, sich zu verkleinern. In einem kolloiden System kann die Oberflächenenergie auf folgende Weise vermindert werden: Wenn zwei kugelförmige Teilchen infolge der Brownschen Bewegung aneinander geraten und miteinander verschmelzen, dann entsteht ein Teilchen, dessen Oberfläche kleiner ist als die Summe der Oberflächen der beiden ursprünglichen; man kann auch, worüber wir noch sprechen werden, die Oberflächenspannung einer Flüssigkeit durch Zusätze herabsetzen und auf diese Weise die Oberflächenenergie verkleinern. Die Oberflächenenergie hängt mit der Größe der elektrischen Ladung zusammen; ihre Bedeutung für die Stabilität werden wir erst besprechen, wenn wir über die elektrischen Phänomene in kolloiden Systemen orientiert sein werden. Zur Messung der Oberflächenspannung dienen vorwiegend zwei Methoden: 1. Man mißt, in wieviel Tropfen eine bestimmte Menge Flüssigkeit zerfällt, wenn man sie aus einer engen Öffnung ausfließen läßt (Prinzip des Stalagmometers von Traube); je größer die Oberflächenspannung der Flüssigkeit ist, um so größer werden die Tropfen sein müssen, um so geringer daher ihre Zahl, in die eine bestimmte Menge Flüssigkeit zerfällt. Man vergleicht in demselben Apparat die Tropfenzahl für Wasser und für die zu prüfende Flüssigkeit und bestimmt so die relative Oberflächenspannung der letzteren. 2. Eine andere Methode ist die der Messung der Steighöhe der Flüssigkeit in Kapillaren. Taucht man eine Kapillare in eine benetzende Flüssigkeit, dann stellt sich das Flüssigkeitsniveau in der Kapillare höher ein als in der umgebenden Flüssigkeit; die benetzende Flüssigkeit kriecht nämlich an der Kapillarwand hinauf, weil die Oberflächenspannung Flüssigkeit—Luft kleiner ist als die Glas—Luft; infolgedessen ist die Flüssigkeitsoberfläche in der Kapillare wesentlich vergrößert und sucht sich zu verkleinern, sie tut dies, indem sie Flüssigkeit hinaufhebt; die über das Niveau der umgebenden Flüssigkeit gehobene Flüssigkeitsmenge ist ein Maß für die Oberflächenspannung.

2. Die zweite wichtige Eigenschaft hydrophiler Kolloide, von der wir sprechen wollen, ist die Hydratationsfähigkeit, d. h. ihre Fähigkeit, sich mit dem Wasser zu verbinden. Solche Verbindung ender dispersen Phase mit dem Dispersionsmittel sind keineswegs für kolloiddisperse Systeme charakteristisch; auch Ionen und Moleküle verbinden sich mit ihrem Lösungsmittel zu Hy-

draten (Ionenhydrate, Krystallwasser); doch sind diese Hydrate bei konstantem Dampfdruck von konstanter Zusammensetzung. Von Kolloiden ist die Hydratation am sinnfälligsten bei den Gallerten; man nennt deren Wasseraufnahme Quellung und kann ihren Grad direkt durch Wägung der aufgenommenen Wassermenge bestimmen. Auch Hydratation und Quellung können mit der elektrischen Ladung der Teilchen zusammenhängen. Man unterscheidet begrenzt und unbegrenzt quellbare Körper; bei den letzteren geht die Quellung schließlich in Lösung über. Zur Messung der Hydratation nicht gelatinierender Kolloide bedient man sich zunächst der Messung der Empfindlichkeit gegenüber dehydrierenden Einwirkungen, Alkohol, Hitze u. dgl. Ein weiterer sehr empfindlicher Indikator für sie ist die Viskosität; die Viskosität einer Flüssigkeit ist der Widerstand, den sie der Bewegung von Massenteilchen in ihr, z. B. unter dem Einfluß der Schwere, entgegensetzt. Man mißt sie am einfachsten, indem man bestimmt, wie lange eine Flüssigkeitsmenge braucht, um bei einer bestimmten Temperatur eine Kapillare zu durchströmen; indem man den gleichen Versuch mit Wasser vornimmt, erhält man durch Division beider Werte unter Berücksichtigung der spezifischen Gewichte die relative Viskosität. Die Viskosität eines kolloid- oder grobdispersen Systems hängt vom Gesamtvolum der dispersen Phase ab, also auch von der Flüssigkeitshülle der Teilchen, die an die disperse Phase gebunden, also der Widerstandsleistung gegenüber den strömenden Teilchen entzogen ist, d. i. also von der Menge des Hydratationswassers. Freilich ist die Viskosität kolloider Systeme auch von anderen Faktoren abhängig; sie kann also nur dann als Maß der Hydratation angesehen werden, wenn diese anderen Faktoren ausgeschaltet werden können (vgl. S. 49).

3. Von großer Bedeutung für die Stabilität kolloider Teilchen ist deren elektrische Ladung; es ist ja ohne weiteres klar, daß gleich geladene suspendierte Teilchen einander nach allen Richtungen abstoßen müssen und so der Schwerkraft entgegenwirken können, werden größere Teilchen entladen, dann müssen sie, der Schwerkraft folgend, zu Boden sinken. In grobdispersen Systemen (Aufschwemmung von Pulvern u. dgl.) haben die Teilchen eine Eigenladung, denn sie sind imstande zu wandern, wenn man einen elektrischen Strom durch das System schickt; es muß also eine Potentialdifferenz zwischen den Teilchen und der Flüssigkeit

bestehen; man nennt eine solche Wanderung von Massenteilchen gegen eine Flüssigkeit im elektrischen Felde Kataphorese; im Wasser sind suspendierte Teilchen stets negativ, das Wasser selbst ist dann positiv geladen; aus den gleichen Gründen besteht eine Potentialdifferenz zwischen der Flüssigkeit und der Wand in einer mit Flüssigkeit gefüllten Kapillare: in diesem Falle wandert, wenn man einen elektrischen Strom durch die Kapillare schickt, natürlich die Flüssigkeit gegen die feste Fläche; diese Bewegung nennt man Elektroendosmose. Das Wasser wird sich dabei gegenüber den meisten Kapillarwänden positiv aufladen, also zur Kathode wandern; die überführte Wassermenge hängt von der Größe der Ladung ab; mehrwertige Anionen und OH-Ionen werden, wie wir bald verstehen werden (vgl. S. 21), diese Ladung vermindern, Säuren und mehrwertige Kationen werden sie vermehren. Kataphorese und Elektroendosmose faßt man auch unter der Bezeichnung elektrokinetische Stromleitung im Gegensatz zur metallischen und elektrolytischen zusammen. Über die Beziehungen dieser drei Stromleitungen zueinander sowie über die Bedeutung der letzten beiden für die kolloiden Systeme soll nun im Zusammenhang gesprochen werden.

IV. Von den Bedingungen der Stabilität kolloider Systeme.
(Weiteres über die elektrische Ladung.)

Es gibt, wie bereits erwähnt, drei Arten der Leitung des elektrischen Stromes, deren Wesen wir kurz besprechen müssen: 1. die metallische Leitung: wenn ein elektrischer Strom durch einen metallischen Leiter geht, kann man in demselben außer einer Erwärmung keinerlei Veränderung wahrnehmen; 2. die elektrolytische, d. i. die Leitung eines Stromes durch Lösungen von Elektrolyten (Salze, Säuren, Basen); in diesen Leitern geht, während ein Strom hindurchgeht, eine merkbare Veränderung vor sich, und zwar ein Transport wägbarer Materie, ein Transport von Molekülen der gelösten Substanz; man nennt solche Moleküle, die im elektrischen Strom wandern und ihn transportieren, Ionen, und zwar Kationen, die stets positiv geladen und daher stets in der Richtung zum negativen Pol wandern, z. B. H, Na, Ag usw., und in Anionen, die stets negativ geladen sind und zum positiven Pol wandern, z. B. OH, Cl, SO_4, CH_3COO usw. Die Ionen sind also dadurch charakterisiert, daß sie immer entweder positive oder negative Elektrizität tragen, nicht etwa einmal positive, unter anderen Umständen negative. Dann ist der Transport der Ionen, der Zusammenhang ihrer Menge mit der Stromstärke bestimmten Gesetzen unterworfen, die bereits Faraday (1830) erkannt hat und die nach ihm benannt sind. Sie lauten: 1. Die an den Elektroden abgeschiedenen Mengen eines Elektrolyten sind der zwischen ihnen hindurchgegangenen Elektrizitätsmenge proportional. 2. Die Mengen von Stoffen, die die gleichen Elektrizitätsmengen transportieren, verhalten sich wie die Äquivalentgewichte dieser Stoffe; so werden in einer Sekunde 1 g H, 108 g Ag, 23 g Na, 20 g Ca abgeschieden, wenn eine Elektrizitätsmenge von 96 543 Coulombs einen Leiter passiert; man nennt diese Mengen elektrochemische Äquivalente und nennt Ionen, die im Molekül ein elektrochemisches Äquivalent enthalten, einwertig (H, Na), die zwei enthalten, zweiwertig (Ca, SO_4), usw. Die Ionen entstehen also aus neutralen Molekülen nach bestimmten Gesetzmäßigkeiten; man nennt solche Zerteilungen, die zu einem bestimmten Gleichgewicht führen, Dissoziationen und spricht in unserem Fall von der elektrolytischen Dissoziation. Für derartige Dissoziationen gilt folgendes Gesetz: Das Produkt der Konzentrationen der bei einer Dissoziation entstandenen Komponenten ist nach Einstellung des Gleichgewichtes der Konzentration der undissoziierten Moleküle vor Beginn des Vorganges proportional. In jedem Moment der Reaktion gilt also die Gleichung $\frac{c_1 \cdot c_2}{c_3} = k$. Dieser Proportionalitätsfaktor k, der das Verhältnis der undissoziierten (c_3) zu den dissoziierten Molekülen ($c_1 c_2$) angibt, heißt die Reaktionskonstante des Vorganges, das eben zitierte Gesetz, nach dem die Reaktion vor sich geht, das Massenwirkungsgesetz; das Massenwirkungsgesetz gilt, solange die reagierenden Einheiten des Vorganges während der Reaktion unverändert bleiben. Welche Stoffe miteinander reagieren, hängt von den „chemischen Affinitäten" ab, in welchem Ausmaß sie reagieren, vom Massenwirkungsgesetz.

Auch Elektrolyte können sich in Lösungen so verhalten, als wären sie zum Teil dissoziiert; heute nimmt man an, daß sie vollständig dissoziiert sind, daß aber nicht alle Ionen gleich „aktiv" sind. Je aktiver die Ionen bei gleicher Verdünnung sind, um so stärker nennen wir den Elektrolyten. Wir sprechen daher von starken Elektrolyten, dazu gehören alle Salze, dann HCl, HNO_3, NaOH usw., die sich verhalten, als wären sie zu 70 bis 100 vH dissoziiert, von mittelstarken, zu 10 bis 70 vH (H_2SO_4) H_3PO_4), von schwachen, 1 bis 10 vH (z. B. Essigsäure), von ganz schwachen, 0,1 bis 1 vH (z. B. HCN, H_2S).

Die Gesetze der elektrolytischen Dissoziation, die für uns so wichtig sind, weil die Ionen zu den lebenswichtigen Bestandteilen der Zellen gehören, kommen nicht immer rein zum Ausdruck. Bei schwachen Elektrolyten interferiert bereits die elektrolytische Dissoziation des Wassers, so gering sie ist; 1000 g Wasser bestehen bei 18° aus: 0,000 000 08 g H^+ + 0,000 013 g OH^- + 999,999 986 g H_2O. Diese minimalen Mengen Ionen spielen aber eine sehr große Rolle, denn das Produkt der Ionen des Wassers ist unter allen Bedingungen konstant (z. B. für 25°: $H \cdot OH = k_w = 1 \cdot 10^{-14,14}$); werden daher H^+- oder OH^--Ionen aus dem Wasser entfernt, dann müssen immer neue H^+- oder OH^--Ionen nachdissoziieren, weil das Produkt beider konstant sein muß, und das elektrochemisch sonst inerte Wasser bildet ein unerschöpfliches Ionenreservoir. Im Wasser sind die gleiche Anzahl Äquivalente H^+- und OH^--Ionen vorhanden; überwiegen die H^+-Ionen, dann müssen die OH^--Ionen abnehmen, das ist bei den Säuren der Fall; bei den Basen sind umgekehrt die OH^--Ionen gegenüber dem Wasser vermehrt, die H^+-Ionen vermindert. Salze gehören bekanntlich zu den starken Elektrolyten, sie sind in verdünnten Lösungen vollkommen dissoziiert; in einer NaCl-Lösung sind daher folgende Bestandteile: Na^+-Ionen, Cl^--Ionen, H_2O-Moleküle und in Spuren H^+- bzw. OH^--Ionen. Anders ist das jedoch in einer Lösung eines Salzes, bei dem ein oder beide Bestandteile (Säure oder Base) schwache Elektrolyte sind, z. B. NH_4Cl bzw. Natriumacetat. Das NH_4Cl zerfällt auch in NH_4- und Cl-Ionen, aber nicht vollständig; nun ist HCl eine wesentlich stärkere Säure, als NH_4OH Base ist, so werden mehr H- als OH-Ionen in der Lösung sein, dadurch bleiben H^+-Ionen übrig und verleihen, da sie nun im Überschuß sind, der Lösung einen sauren Charakter. Man nennt diese Dissoziation von Elektrolyten unter Beteiligung der Ionen des Wassers **hydrolytische Dissoziation**.

Pufferlösungen.

Eine andere biologisch ungemein wichtige Abweichung von den Gesetzen der elektrolytischen Dissoziation kommt zustande, wenn in einer Lösung zwei Substanzen mit einem **gemeinsamen Ion** vorhanden sind, die beide ungleich stark dissoziieren, z. B. Natriumacetat, das als Salz (wir sprechen hier immer von verdünnten Lösungen) vollkommen, und Essigsäure, die als schwache Säure sich verhält, als wäre sie nur wenig dissoziiert. Wenn jede der beiden Substanzen allein gelöst wäre, dann bestünde nach dem Massenwirkungsgesetz für Essigsäure das Gleichgewicht (die Einklammerungen chemischer Symbole bedeuten stets Konzentrationen):

$$1. \quad \frac{[H^+] \cdot [CH_3 \cdot COO^-]}{[CH_3 \cdot COOH]} = k_1;$$

für das Natriumacetat:

$$2. \quad \frac{[Na^+] \cdot [CH_3 \cdot COO^-]}{[NaCH_3 \cdot COO]} = k_2;$$

sind nun beide in demselben Wasser gelöst, dann wird das Gleichgewicht gestört, da vom Natriumacetat wesentlich mehr Acetationen gebildet werden, als nach der Gleichung 1 frei existieren können; es ist nun eine allgemeingültige Regel, daß in solchen Gemischen die Dissoziation des schwächeren Elektrolyten zurückgedrängt wird; es wird also in Gegenwart von Natriumacetat die Dissoziation der Essigsäure **zurückgedrängt**, sie wird so zu einer noch schwächeren Säure gemacht; durch bestimmte Mischungen der beiden kann man die H^+-Ionenkonzentration des Gemisches gesetzmäßig variieren, d. h. einem solchen Gemisch von schwacher Säure und Salz entspricht eine bestimmte H^+-Ionenkonzentration $[H^+]$. Setzt man z. B. einem solchen Gemisch H^+-Ionen zu, dann wird die Dissoziation der Essigsäure wieder entsprechend zurückgedrängt, so daß die $[H^+]$ innerhalb gewisser Grenzen gleich bleibt; dasselbe gilt natürlich auch für Gemische von schwachen Basen und ihren Salzen; man nennt solche Lösungen **Pufferlösungen**, weil sie die Reaktion puffern. Solche Puffergemische kommen z. B. im Blut vor; in diesem ist das Verhältnis der freien Kohlensäure zu den kohlensauren Salzen konstant, und zwar 1 : 10; dieses konstante Verhältnis ist an der Aufrechterhaltung der Reaktion des Blutes hervorragend beteiligt. Zur Bezeichnung der $[H]$ schreibt man heute meist nicht die Konzentration, sondern deren negativen Logarithmus als p_H; z. B. $[H^+] = 1,10^{-6}$ n oder $p_H = 6,—$.

Nach dem, was wir bisher gehört haben, können wir also die elektrolytische Stromleitung so charakterisieren, daß sie durch Ionen zustande kommt, die **einen bestimmten Ladungssinn und eine bestimmte Ladungsgröße haben.**

3. Auch die elektrokinetische Stromleitung beruht auf einer Bewegung von elektrisch geladenen Massenteilchen; diese sind aber prinzipiell vom Verhalten von Ionen dadurch verschieden, **daß ihre Ladungsrichtung, Ladungsgröße und entsprechend ihre Wanderungsgeschwindigkeit von dem elektrochemischen Verhalten ihrer Umgebung abhängt.** Im Wasser wandern die Teilchen einer Suspension zum positiven Pol, sie sind also negativ geladen, ebenso in alkalischem Dispersionsmittel, in saurem wandern sie hingegen zum negativen, da sind sie positiv geladen. Diese Massenteilchen sind also **umladbar** und dadurch von den Ionen grundsätzlich verschieden. Man muß entsprechend bei Veränderung der [H^+] bzw. [OH^-] eine [H^+] erreichen, bei der diese Teilchen ungeladen sind; dieser Neutralpunkt ist der **isoelektrische Punkt** der Suspension.

V. Von den Bedingungen der Stabilität kolloider Systeme.

(Weiteres über die elektrische Ladung; die Stabilität der Gallerten.)

Wie kann man sich das Zustandekommen der Ladung solcher suspendierter Teilchen vorstellen? Es ist klar, daß diese Ladung in Wasser nur durch Bindung der Ionen des Wassers zustandekommen kann. Wie gehen solche Bindungen von molekulardispersen Teilchen an grobdisperse vor sich? Überschichtet man z. B. in einem Kölbchen etwas Chloroform mit Wasser und schüttet etwas fein zerteilte Kohle hinzu, schüttelt das System ordentlich durch und läßt es dann zur Ruhe kommen, dann bemerkt man, daß sich der größte Teil der Kohleteilchen an der Grenzfläche Chloroform —Wasser angesammelt hat; solche Konzentrationsanhäufungen an Oberflächen sind allgemeine Erscheinungen, wenn die sich anhäufenden Substanzen die Oberflächenspannung herabsetzen, man nennt sie **Adsorptionen**. Auch für solche Adsorptionen gelten Gesetzmäßigkeiten, ähnlich wie für chemische Bindungen das Massenwirkungsgesetz. An dem Zustandekommen solcher Adsorptionen sind Oberflächen-, elektrische, chemische Affinitäten beteiligt; ihr Zustandekommen ist daher nicht so einfach zu beurteilen wie etwa das nach dem Massenwirkungsgesetz verlaufender Prozesse, für die ja nur die Zahl der reagierenden Moleküle und ihre Unveränderlichkeit während der Reaktionen maßgebend sind. Für die Adsorptionen können wir als allgemeingültiges Gesetz nur sagen, daß aus verdünnteren Lösungen stets **relativ mehr** adsorbiert wird als aus konzentrierteren; wir dürfen uns das wohl so vorstellen, daß während der Adsorption eine **ständige Änderung der Affinitäten zwischen Adsorbens und Adsorbendum stattfindet.** Man hat versucht, auch die Adsorptionsvorgänge in eine Formel zu fassen, und die folgende für kleine Konzentrationsbereiche gültig gefunden:

$$c_{adsorb.} = a \cdot c_{nicht\ adsorb.}^{\frac{1}{n}},$$

wobei $c_{adsorb.}$ die Konzentration des adsorbierten, $c_{nicht\ adsorb.}$ die des nicht adsorbierten Anteils des Adsorbendum darstellt, a und n Konstanten sind, die von der Natur des Adsorbens und des Adsorbendum und des Lösungsmittels des letzteren abhängig sind, und zwar wird eine Substanz im allgemeinen aus jenem Lösungsmittel am leichtesten adsorbiert, in dem sie am schlechtesten löslich ist.

In einem Gemisch adsorbierbarer Stoffe findet eine gegenseitige Verdrängung der einzelnen Stoffe von der Oberfläche statt (**Adsorptionsverdrängung** oder **Austauschadsorption**). Sie besteht darin, daß eine stärker adsorbierbare Substanz eine schwächer adsorbierbare — aus einer Lösung beider — von einer Oberfläche verdrängen kann; diese gegenseitige Beeinflussung kann so beträchtlich sein, daß schon Spuren eines stärker adsorbierbaren Stoffes die Adsorption eines schwach adsorbierbaren bedeutend vermindern können, wie die in umstehender Tabelle angeführte Verdrängung von Oxalsäure aus der Kohleoberfläche durch Spuren Benzoesäure beweisen soll.

Durch Spuren Benzoesäure wird also die Adsorption der Oxalsäure auf ein Siebentel herabgesetzt. Außer der Adsorptionsverdrängung kann es bei Adsorptionen aus Lösungen mehrerer Stoffe noch zu anderen Erscheinungen kommen. Wenn ein Stoff die Oberflächenspannung Adsorbens—Lösung erhöht, dann wird der adsorbierende Stoff dadurch für oberflächenaktive Stoffe empfindlicher und wird diese in größerem Ausmaß adsorbieren können. Man nennt dieses Phänomen **Adsorptionsverstärkung**. So ist eine 2-n-NaCl-Lösung imstande, die Adsorption von Fettsäuren, z. B. Essigsäure an Tierkohle, bedeutend zu verstärken.

Auch die Ladung suspendierter Teilchen in Wasser ist als Adsorption der Ionen desselben aufzufassen; je nach der Natur der Teilchen werden mehr H^+- oder mehr OH^--Ionen gebunden, so daß die Teilchen eine positive oder negative Ladung erlangen. Man nennt eine solche Ladung durch fremde Ionen **Aufladung**.

Man muß sich diese Aufladung also so vorstellen: die Teilchen binden H^+-Ionen und erhalten dadurch eine positive Ladung; im Ruhezustand werden von diesen adsorbierten H^+-Ionen die gleiche Zahl OH^--Ionen elektrostatisch festgehalten (vgl. Abb. 3);

Tabelle 1.

Konzentration der Oxalsäure nach der Adsorption an Tierkohle	Zusatz von Molen Benzoesäure	Von 1 g Kohle gebundene Menge Oxalsäure	Von 1 g Kohle gebundene Menge Benzoesäure
0,17 n	—	0,0025 n = 1,5 vH	—
0,17 n	0,004 n	0,00036 n = 0,2 vH	0,0023 n = 57 v H
—	0,004 n	—	0,0025 n = 61 v H

um zu erklären, daß sie sich nicht neutralisieren, nimmt man mit Helmholtz an, daß zwischen beiden Ionenreihen eine dielektrische Schicht, die **Helmholtzsche Doppelschicht** genannt wird, liegt. Von der Dicke dieser Schicht hängt die Größe der Ladung sehr wesentlich ab. Geht ein Strom durch das System, dann wird diese Doppelschicht auseinander gerissen, und die durch Adsorption der OH^--Ionen negativ aufgeladenen Teilchen wandern zum positiven Pol.

Zwischen diesen beiden Gruppen der elektrolytischen Stromleitung einfacher iondisperser Systeme und der elektrokinetischen suspendierter Teilchen gibt es Übergänge, die biologisch sehr wichtig sind, weil sie unter anderem die Eiweißkörper betreffen. Während HCl bei der elektrolytischen Dissoziation nur H^+-Ionen, KOH nur OH^--Ionen abspalten kann, gibt es Stoffe, die unter bestimmten Umständen H^+- unter anderen OH^--Ionen bilden können, man nennt sie **amphotere Elektrolyte** oder **Ampho-**

lyte. Sie bilden in wäßriger Lösung Anionen oder Kationen; als Beispiel seien die Bausteine der Eiweißkörper, die Aminosäuren, angeführt; das Glykokoll z. B. dissoziiert in $CH_3NH_3OH \cdot COO^- + H^+$ und in $CH_3COOHNH_3^+ + OH^-$; gleichzeitig können natürlich höchstens soviel H^+- und OH^--Ionen vorhanden sein, als dem Ionenprodukt des Wassers entspricht; da diese Ampholyte also in wässerigen Lösungen sowohl Anionen wie die Säuren, als auch Kationen wie die Basen bilden, haben sie eine sauere und eine basische Dissoziationskonstante (k_a und k_b); bei den meisten Eiweißkörpern ist, wie wir noch hören werden, k_a größer als k_b; d. h. bei jeder Eiweißkonzentration sind mehr Eiweißanionen als -kationen vorhanden, das Eiweiß ist also bei der Reaktion des Wassers, wie die meisten Biokolloide, negativ geladen; man kann nun, wie bei allen schwachen Säuren, auch bei den Ampholyten durch Zusatz anderer Säuren die sauere Dissoziation zurückdrängen, und zwar so weit, bis die Zahl der Eiweißanionen so klein geworden ist wie die der -kationen; die [H^+], die dann in diesem System vorherrscht, nennt man den isoelektrischen Punkt des Ampholyten (vgl. S. 18. Charakteristisch für ihn und biologisch wichtig ist, daß im isoelektrischen Punkt die Zahl der Ionen am kleinsten, die der ungeladenen Neutralteilchen am größten ist.

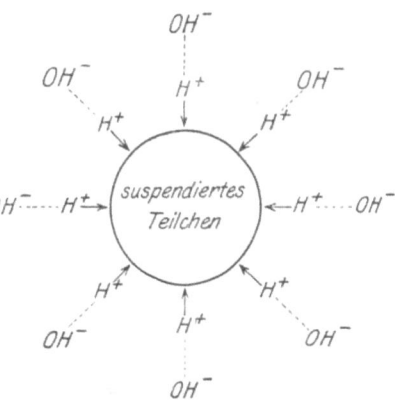

Abb. 3. Das suspendierte Teilchen hat an seiner Oberfläche H-Ionen adsorbiert; diese halten OH-Ionen in entsprechender Konzentration elektrostatisch fest.

Damit hätten wir die wichtigsten Gesetzmäßigkeiten der Ladung kolloider Systeme besprochen und können uns nun der Frage zuwenden, von der wir ausgegangen sind, der Bedeutung derselben für die Stabilität. Sie läßt sich so beantworten, daß je größer die Ladung, um so größer auch die Stabilität ist, und zwar aus folgenden Gründen: 1. Gleichgeladene Teilchen stoßen einander ab, verhindern also die Zusammenballung, und dies um so mehr, je größer die Ladung ist. 2. Es besteht auch ein Zusammenhang zwischen der Ladung und der Oberflächenspannung an einer Oberfläche, die darauf beruht, daß beide einander entgegenwirken; wenn die Ladung abnimmt, nimmt die Oberflächenspannung zu und damit die Tendenz der Teilchen, sich zu vereinigen und so die Oberfläche zu verkleinern. Daraus geht hervor, daß die Stabilität aller Kolloide im **isoelektrischen Punkt stets am geringsten ist**. Die Bedeutung der Ladung für die Stabilität ist nicht bei allen Kolloiden gleich, wie wir bei Besprechung der Reaktionen in kolloiden Systemen noch hören werden; bei den hydrophilen Kolloiden z. B. ist hauptsächlich die Hydratation für die Stabilität verantwortlich. Die meisten Kolloide fallen aber im isoelektrischen Punkte aus, so vor allen die lyophoben; man nennt sie **isolabile Kolloide**; es gibt aber auch solche, die im isoelektrischen Punkt stabil sind (**isostabile Kolloide**), zu ihnen gehören Albumin, Hämoglobin, Gelatine, Gummi u. a.

Wir haben uns bisher mit der Stabilität von Solen beschäftigt, und es bleibt uns noch übrig, einiges über die besondere Stabilität der Gallerten zu sagen, die wir ja als erstarrte Sole bezeichnet haben. Dieser Erstarrungszustand der Gallerte ist sehr veränderlich; man nennt den Übergang von Gallerten in den erstarrten Zustand **Erstarrung**, den entgegengesetzten Vorgang **Verflüssigung**. Die Erstarrung geht mit einer Zunahme der Viskosität einher, die Verflüssigung mit einer Abnahme; wie die Erstarrung vor sich geht, kann man im Ultramikroskop beobachten; man sieht, wie sich die Sekundärteilchen im verflüssigten Gelatinesol zu größeren noch ultramikroskopischen Flocken aneinanderlagern, in denen die einzelnen Primär- oder Sekundärteilchen zunächst noch Eigenbewegung zeigen, die aber im Verlaufe der Erstarrung allmählich erlischt; dann sieht man nur noch Einzelteilchen zwischen diesen größeren bewegungslosen Flocken hin und her wandern und sich an die eine oder andere anlagern; schließlich ist das ganze System still, erstarrt. Wenn man ein Gelatinesol auf Eistemperatur abkühlt und den Erstarrungspunkt bestimmt, dann die Gallerte noch etwas abkühlt und sie schließlich in warmes Wasser bringt und den Schmelzpunkt bestimmt, dann sieht man, daß beide nicht zusammenfallen, sondern um einige Grade auseinander liegen. Das hat seinen Grund darin, daß besonders in Gallerten, weniger ausgesprochen in Solen, die Einstellung von Gleichgewichten und das Übergehen von einem Zustand in den anderen langsamer vor sich geht als in weniger zähen Medien; man nennt das Nachhinken eines bestehenden Zustandes in kolloiden Systemen über die Ursachen dieses Zustandes hinaus **Hysteresis**, ein Ausdruck, der aus der Lehre vom Magnetismus hergenommen ist.

Erstarrungs- und Schmelzpunkt von Gallerten hängen auch von der Konzentration derselben ab; je konzentrierter sie sind, um so höher liegen sie. Die Erstarrung zu Gallerten ist durch eine innere Struktur hervorgerufen, ähnlich wie sich bei kristallisierenden Substanzen die einzelnen Moleküle nach bestimmten Symmetriegesetzen im Raume anordnen, ein Vorgang, der schließlich zur Bildung der symmetrischen Kristalle führt. Die Erstarrung muß daher von der Koagulation wohl unterschieden werden.

VI. Von den Reaktionen in kolloiden Systemen.

Die Veränderungen in kolloiden Systemen können, wie schon erwähnt, in zwei Richtungen vor sich gehen, im Sinne einer Verkleinerung des Dispersitätsgrades, also einer Vergrößerung der Teilchen, die zur **Koagulation** führt, oder im Sinne einer Vergrößerung des Dispersitätsgrades, also Verkleinerung der Teilchen, ein Vorgang, den man, wie schon gesagt, **Peptisation** nennt.

Die Peptisation kann, wie wir schon besprochen haben, spontan vor sich gehen, wie eine Auflösung, oder sie kann durch chemische oder elektrochemische Reaktionen eingeleitet werden. Den letzteren Vorgang wollen wir am Beispiel der Peptisation der Zinnsäure erörtern. Die Zinnsäure ist ein negativ geladenes Kolloid; das Zinnsäuregel ist in Wasser nicht peptisierbar, wohl aber in Alkalien, z. B. in Kalilauge. Diese Peptisation geht folgendermaßen vor sich: das Zinnsäuregel besteht aus Teilchen, die durch Polymerisation von SnO_2-Molekülen entstanden sind; wir wollen sie durch das beifolgende Schema versinnbildlichen (Abb. 4).

In Kalilauge reagieren nun die oberflächlichen SnO_2-Moleküle mit der Lauge unter Bildung von Kaliumstannatmolekülen (K_2SnO_3), die aber mit den inneren Molekülen der Sekundärteilchen in Verbindung geblieben sind; diese Stannatmoleküle zerfallen nun elektrolytisch, die SnO_3-Ionen bleiben im Verbande der ganzen Sekundärteilchen und laden dieselben negativ auf, diese aufgeladenen Sekundärteilchen sind solstabil; so müssen wir uns — in großen Umrissen — die Peptisation der Zinnsäure vorstellen. Ähnlich verhält sich die aufladende und peptisierende Wirkung der Säuren und Alkalien auf Eiweißkörper, worüber wir noch sprechen wollen. Man nennt das elektrisch geladene Teilchen zusammen mit den elektrostatisch festgehaltenen Kristalloidionen Mizelle.

Koagulationen können auf folgende Weise zustande kommen: 1. spontan im Laufe der Zeit; man nennt solche spontane Verringerungen des Dispersitätsgrades von Kolloiden: altern; 2. durch Einwirkung von Hitze, Kälte, strahlender Energie; 3. durch Einwirkung fremder Substanzen, vor allem von Elektrolyten, aber auch von Nichtelektrolyten, deren Wirkung durch direkte Beeinflussung der Oberflächenspannung (ober flächenaktive Substanzen) oder durch chemische Affinitäten zustande kommt.

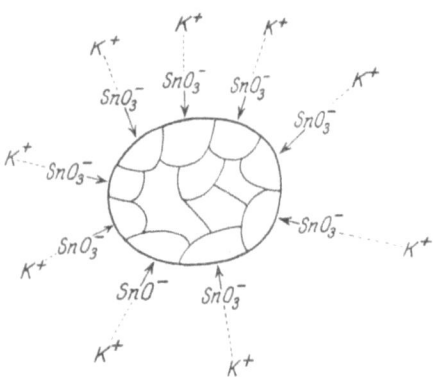

Abb. 4. Die äußeren Moleküle des Zinnsäuregelprimärteilchens, das durch den äußern dicken Strich begrenzt erscheint, sind ionisiert; diese SnO_3-Ionen sind aber im Verbande des Kolloidteilchens verblieben und halten die äquivalente Menge K-Ionen elektrostatisch fest; die nicht an der Oberfläche gelegenen Zinnsäuremoleküle sind an der Reaktion nicht beteiligt. Viele solcher durch dünne Lösungsmittelschichten getrennte Teilchen bilden ein Sekundärteilchen.

Der feinste Regulator des kolloiden Zustandes sind die Ionen. Es ist selbstverständlich, daß Kationen und Anionen eines Elektrolyten entsprechend ihrem verschiedenen Ladungssinn auf ein kolloides System entgegengesetzt einwirken müssen: auf positiv geladene Kolloide wirken Kationen aufladend, Anionen entladend, auf negative Kolloide umgekehrt Kationen entladend, Anionen aufladend; unter bestimmten, noch zu besprechenden Bedingungen kann jedoch die Wirkung von dem Kolloid entgegengesetzt geladenen Ionen über die Entladung hinaus das Kolloid umladen und schließlich in einem dem ursprünglichen entgegengesetzten Sinne aufladen, so werden z. B. negative Kolloide, etwa Eiweißkörper, durch die H-Ionen von Säuren zunächst entladen, dann aber positiv aufgeladen; die Entladung führt zu einer Dehydratation, Polymerisation, schließlich Koagulation, die Aufladung zu einer Hydratation, Stabilisierung, eventuell Peptisation. Welches von beiden Ionen eines Elektrolyten überwiegt, hängt von Art und Stärke der Ladung des Kolloids ab, aber auch von dem Unterschied der beiden Ionen, vor allem von der Wertigkeit; am größten sind diese Unterschiede bei den Säuren und Basen, bei denen die H^+- bzw. OH^--Ionen beträchtlich über die Wirkung der anderen Ionen überwiegen; das kann uns nicht wundern, wenn wir bedenken, daß sich die Säuren und Basen in vielen Beziehungen von den andern Elektrolyten unterscheiden. Von den mächtigen aufladenden Wirkungen der Säuren und Basen haben wir bereits gesprochen (vgl. auch S. 15). Nunmehr soll von der Wirkung der übrigen Ionen die Rede sein. Sie ist auf die elektrolytempfindlichen hydrophoben Kolloide anders als auf die wenig elektrolytempfindlichen hydrophilen. Bei den stark geladenen Schwermetallsalzen überwiegt auf beide Systeme die elektrochemische Wirkung; sie wirken auf positive Kolloide aufladend, auf negative entladend, das letztere allerdings bei hydrophilen Kolloiden in viel größeren Konzentrationen als bei hydrophoben. Die zweiwertigen Erdalkalisalze (Ca, Ba, Sr, Mg) wirken stets schwächer als die Schwermetall-, stärker als die einwertigen Alkalimetalle; sie zeigen bei den einzelnen kolloiden Systemen interessante individuelle Verschiedenheiten. Die Alkalisalze (Na, K, Li, Rb, Cs, NH_4) wirken bei elektrolytempfindlichen hydrophoben Kolloiden elektrochemisch, auf- oder entladend, bei den hydrophilen Kolloiden mehr auf die Hydratation, also hydratisierend oder dehydratisierend. Dabei ordnen sich die Alkaliionen in ihrer Wirkung auf hydrophile Kolloide zu folgenden Reihen an, die nach ihrem ersten Beobachter Hofmeistersche Ionenreihen genannt werden; die hydratisierende Fähigkeit der Kationen steigt in der Reihe $Li < Na < K < NH_4$, und die der zugehörigen Anionen: $SO_4 < PO_4 <$ Acetat $Cl < NO_3 < ClO_3 < Br < J < SCN$. Diese Reihen finden wir auch bei der Fällung hydrophiler Kolloide wieder und mit kleinen Abweichungen bei einer großen Zahl physiologischer Vorgänge, z. B. bei der Herabsetzung der Muskelerregbarkeit, der Erzeugung des Ruhestroms, Verminderung der Flimmerbewegung usw.

Über Art und gegenseitige Beeinflussung der Veränderung von Hydratation, elektrischer Ladung, Oberflächenspannung und über die Zusammenhänge dieser Veränderungen mit Veränderungen der Stabilität haben wir bereits gesprochen; hier sei nur wegen der großen biologischen Bedeutung der hydrophilen Kolloide nochmals darauf hingewiesen, daß sich die Steigerung der Hydratation derselben in einer Erhöhung der Viscosität und in einer Hemmung dehydrierender Einflüsse (Alkohol, Hitze) äußert.

Wir haben uns zu Beginn unserer Besprechungen die Frage gestellt: Gibt es Besonderheiten in der Reaktionsfähigkeit kolloider Systeme, die uns berechtigen, ja sogar die es uns vorteilhaft erscheinen lassen, diese Reaktionen als besondere zu betrachten? Wir können jetzt die Antwort geben, daß Reaktionen in kolloiden Systemen — und, wie wir vorausgreifend sagen wollen, auch in der lebenden Zelle — allgemein dadurch charakterisiert sind, daß sie — unabhängig, durch welche Affinitäten sie hervorgerufen werden, also auch bei chemischen Prozessen — zunächst an physikalischen Oberflächen vor sich gehen und daß jeder Eingriff in kolloide Systeme Veränderungen des kolloiden Zustandes mit sich bringt.

Besonderheiten sind noch zu berücksichtigen bei den Reaktionen in Gallerten, hier muß noch auf die Beeinflussung der Erstarrungsfähigkeit geachtet werden. Die Erstarrungsfähigkeit der Gelatine z. B. hängt ganz beträchtlich von deren Salzgehalt ab, der sie innerhalb bestimmter Konzentrationen sehr stark begünstigt. Daß Erstarrung und Flockung von gelatinierenden Substanzen auseinandergehalten werden müssen, wurde schon erwähnt; es geht dies unter anderem daraus hervor, daß es Salze gibt, die die Gelatine fällen und die Gelatinierung hemmen, z. B. KCl, NaCl, solche, die fällen und die Erstarrung fördern, z. B. Natriumacetat, solche, die nicht fällen, aber die Gelatinierung hemmen. Es gibt auch eine Reihe organischer Substanzen, die das Erstarrungsvermögen von Kolloiden beeinflussen, z. B. begünstigen Mannit und Rohrzucker die Erstarrung von Gelatine, während Harnstoff, Chloralhydrat, Methylalkohol sie verzögern. Säuren und Alkalien sind gleichfalls schon in kleinen Konzentrationen imstande, die Erstarrung von Gelatine zu verhindern.

Die Erstarrung und Verflüssigung von Gallerten hängt sehr innig mit dem Quellungsgrad zusammen, wie man die von 1 g lufttrockener Gallerte aufgenommene Wassermenge nennt; die Quellung ist für alle Eigenschaften der Gallerten ungemein wichtig, alle sind von dem Quellungsgrad abhängig. Der Widerstand, den ein quellbarer Körper den Versuchen, das Quellungswasser abzupressen, entgegensetzt, nennt man seinen **Quellungsdruck**; Ausmaß von Quellungsgrad und Erstarrungszustand sind einander entgegengesetzt, was den einen fördert, hemmt den andern und umgekehrt.

Schließlich sei noch darauf hingewiesen, daß bei Reaktionen von Mischkolloiden auf die Möglichkeit geachtet werden muß, daß eine Entmischung eintritt.

Ehe wir nun auf die Anwendung unserer kolloidchemischen Erfahrungen eingehen, müssen wir uns noch die Frage vorlegen, wo wir das Protoplasma einzureihen haben.

Zunächst steht es wohl außer Zweifel, daß das **Protoplasma ein hydrophiles kolloides System** ist, denn es besteht aus Kolloiden: Eiweißkörper, Lipoide, Glykogen, Stärke, Cellulose sind durchwegs Kolloide, und zwar **hydrophile Kolloide**. Auch die Gewebsflüssigkeiten sind aus hydrophilen Kolloiden zusammengesetzt. Dann kann man auch den Erstarrungszustand des Protoplasmas ändern, man kann es durch geeignete Eingriffe zum Erstarren oder zur Verflüssigung bringen, wie wir noch besprechen wollen; wir haben es also mit einem **gelatinierenden hydrophilen Kolloid** zu tun. Die Intensität und Stetigkeit der gegenseitigen Bindung der kolloiden Bestandteile im Protoplasma lassen es als zweckmäßig erscheinen, von einem einheitlichen kolloiden System zu sprechen, etwa wie Pflüger bereits im Jahre 1875 von einem **Protoplasmamolekül** sprach; in der Ausdrucksweise der modernen Kolloidchemie werden wir es als **Mischkolloid** auffassen, ein kolloides System also, dessen Sekundärteilchen aus chemisch verschiedenen Primärteilchen bestehen. Im folgenden wollen wir also vom Protoplasma als einem **hydrophilen, gelatinierenden Mischkolloid** reden.

VII. Aus der Kolloidchemie der Eiweißkörper.

Bevor wir jetzt mit der kolloidchemischen Auswertung biologischer Erscheinungen beginnen, wollen wir als einfachste Nutzanwendung unserer kolloidchemischen Erfahrungen die biologisch so wichtigen Eiweißkörper kolloidchemisch analysieren.

Drei Eigenschaften sind es, auf denen vornehmlich der biologische Wert der Eiweißkörper beruht: 1. ihr hohes Molekulargewicht, das, jedenfalls über 10000, die Eiweißkörper kolloiddispers verteilt sein läßt, 2. die Eigenartigkeit ihres Aufbaues aus den reaktionsfähigen Aminosäuren und damit die Mannigfaltigkeit ihres Abbaues und 3. der lyophile Charakter und die Fähigkeit mancher zu gelatinieren und damit die Eigenart, mit oft beträchtlicher Reversibilität auf feinste chemische Eingriffe mit einer Veränderung der Form zu reagieren.

Dem exakten Studium des chemischen Aufbaues steht zunächst die Schwierigkeit der Reindarstellung der Eiweißkörper entgegen.

Eine zweite Schwierigkeit bildet die schier unübersehbare Mannigfaltigkeit des strukturellen chemischen Aufbaues. Auch hier war Franz Hofmeister der erste, der darauf hingewiesen hat, daß man die Eiweißkörper als polymerisierte Aminosäuren auffassen muß, eine Auffassung, deren Richtigkeit dann durch die großzügigen Synthesen Emil Fischers erwiesen wurde. Emil Fischer ist es auch gelungen, durch Verkuppelung von Aminosäuren „Polypeptide" darzustellen, die z. B. die Biuretreaktion geben. Er schloß daraus, daß auch in den Eiweißkörpern die einzelnen Aminosäuren vorwiegend so aneinander gelagert sind, daß die Aminogruppe der einen mit der Säuregruppe der anderen unter Wasseraustritt reagiert, also z. B.

$$CH_2NH_2COOH + NH_2CH_2COOH = = CH_2NH_2CONHCH_2COOH + H_2O.$$

Doch ist es biologisch unwahrscheinlich, daß die Eiweißkörper als ein endlos langes Polypeptid aufzufassen sind, denn auch mit sehr langen Polypeptiden (das längste dargestellte enthält 19 Aminosäuren) ist es bisher noch nie gelungen, spezifische Abwehrreaktionen von seiten tierischer Organismen zu erzielen, z. B. anaphylaktische, die ja die biologischen Charakteristika von Eiweißkörpern sind. Biologisch verständlicher scheint die Idee zu sein, die Peptone der einzelnen Eiweißkörper als für sie charakteristisch anzusehen, aber leider fehlen hierüber experimentelle Belege; man müßte sich dann vorstellen, daß die Aminosäuren als chemische Bausteine der Eiweißkörper sich schließlich bis zu Peptonen polymerisieren und diese sich als physikalische Bausteine irgendwie physikalisch aneinanderlagern. Daß die Polypeptidbindung wirklich im Eiweißmolekül vorkommt, geht eindeutig daraus hervor, daß beim fermentativen Abbau nativer Eiweißkörper Polypeptide gefunden wurden. Man teilt die Eiweißkörper am besten danach ein, ob sie mehr Monoaminosäuren, oder ob sie mehr Diaminosäuren enthalten. Die ersteren sind überwiegend sauer, die letzteren überwiegend alkalisch, zu den ersten gehören die Albumine, Globuline, zu den letzteren die Histone, Protamine. Die ersteren enthalten 65 bis 76 vH des Gesamtstickstoffes als Monoaminosäurestickstoff, sie bestehen vorwiegend aus Leucin, Glutaminsäure, Lysin, Arginin, Prolin; überdies enthalten die Globuline Glykokoll, die Albumine nicht. Die Protamine, die bisher nur im Sperma von Fischen gefunden worden sind, enthalten mitunter bis zu 87 vH Diaminosäuren, besonders Arginin; die Protamine sind die einfachsten Eiweißkörper, sie bestehen aus zwei bis drei Bausteinen, auf je drei Bausteine entfallen zwei Basenäquivalente. Zwischen beiden Gruppen stehen die Histone, die mehr Arginin enthalten als Albumine und Globuline, aber viel mehr Monoaminosäuren als die Protamine. Histone und Protamine werden durch dieselben Reagenzien gefällt wie die Alkaloide. Eine genauere Spezialisierung der Eiweißkörper nach ihrem Gehalt an Aminosäuren ist indes nicht möglich, erstens weil die verschiedenen Albumine, Globuline usw. in bezug auf den Gehalt an Aminosäuren verschieden sind und zweitens weil eine vollkommene Analyse bisher niemals gelungen ist, da sich bei den üblichen Methoden der hydrolytischen Spaltung der Eiweißkörper in die Aminosäuren ein beträchtlicher Teil in Form zäher, harziger, der Analyse nicht weiter zugänglicher Massen als sogenannte Melanine abscheidet. Man hat daher versucht, die Eiweißkörper nach ihren physikalischen Eigenschaften, vor allem nach der Löslichkeit und Aussalzbarkeit einzuteilen. Nach diesem Gesichtspunkt unterscheidet man von einfachen, nicht zusammengesetzten Eiweißkörpern Albumine, die auch in ionenfreiem Milieu stabil sind und die erst durch Sättigung ihrer Lösungen mit Ammonsulfat ausfallen, Globuline, zu denen auch das Fibrinogen gehört, die nur in Elektrolytlösungen stabil sind und bereits durch Halbsättigung ihrer Lösungen mit Ammonsulfat bzw. durch Sättigung mit Kochsalz oder Magnesiumsulfat zur Ausfällung kommen, ferner die phosphorhaltigen Kaseine, die nur in Gegenwart von Salzen oder Alkalien, nicht aber von Säuren stabil sind. Es ist klar, daß eine derartige Einteilung nur größere Gruppen zu charakterisieren, nicht chemische Individuen zu identifizieren gestattet. Die eigenartig rätselhafte biologische Bedeutung der Eiweißkörper kennen wir nicht näher, aber drei Funktionen haben uns die organische Chemie und Kolloidchemie kennengelehrt: 1. die Regelung des Wasserhaushaltes der Zellen und der Gewebsflüssigkeiten, bedingt durch die ungemein leichte Veränderlichkeit des Hydratationsgrades; 2. damit zusammenhängend die Fähigkeit, auf geringfügige chemische Eingriffe mit Veränderungen der Form zu reagieren (Erstarrung, Verflüssigung), und 3. durch den eigenartigen Abbau sowohl Stoffe zu schaffen, die den Aufbau und die Erneuerung des Zellmateriales ermöglichen, als auch unter Umständen solche, die die Korrelation der Organe komplizierter Organismen aufrechterhalten helfen.

Was zunächst den Abbau der Eiweißkörper anlangt, ist er ebenso mannigfaltig wie der Aufbau. Durch Kochen mit konzentrierten Mineralsäuren kann man die Eiweißkörper in die Aminosäuren zerlegen, und zwar in die natürlich vorkommenden, optisch aktiven, während durch Kochen mit Alkalien die racemi-schen Formen entstehen. Pepsin ist imstande, Eiweißkörper in Peptone zu spalten, Trypsin in Peptone und Aminosäuren, während das Erepsin die Peptone weiter zu spalten vermag. Bei der Fäulnis und wohl auch bei manchen pathologischen Vorgängen entstehen beim Eiweißabbau Fettsäuren und Oxyfettsäuren (Oxyphenyl-, Indol-, Imidazolylaminopropionsäure) und aus diesen die sogenannten proteinogenen Amine; durch Verbindungen mit Kohlensäure bilden sich im Tierkörper aus den Aminosäuren Carbamine, durch innere Dehydrierung, besonders im Kaltblüterorganismus, Betaine.

Eine selbstverständliche Konsequenz des Aufbaues der Eiweißkörper aus Aminosäuren ist ihr amphoterer Charakter; sie sind amphotere Elektrolyte, d. h. sie bilden in wässeriger Lösung sowohl Anionen wie die Säuren, als auch Kationen wie die Basen, sie haben also eine sauere Dissoziationskonstante (k_a) und eine basische (k_b); bei den meisten Eiweißkörpern, wohl bei allen bis auf die Protamine und Histone, ist k_a größer als k_b; man kann, wie bei allen schwachen Säuren, auch bei den Eiweißkörpern durch Zusatz schwacher Säuren ihre sauere Dissoziation zurückdrängen, und zwar so weit, bis die Zahl der Anionen so klein geworden ist, wie die der Kationen; die Wasserstoffionenkonzentration, die dann in dem System vorherrscht, nennt man den isoelektrischen Punkt des betreffenden Eiweißkörpers. Er ist nur abhängig vom Verhältnis $\frac{k_a}{k_b}$. Im isoelektrischen Punkt ist die Zahl der geladenen Eiweißteilchen, der Eiweißionen, am kleinsten, die Zahl der ungeladenen Eiweißteilchen am größten. Darin besteht die biologische Bedeutung des isoelektrischen Punktes; denn die Reaktionsfähigkeit der ungeladenen Eiweißteilchen ist eine ganz andere als die der Eiweißionen; zunächst sind eine Reihe Eiweißkörper im isoelektrischen Punkt nicht stabil, sie fallen aus, so z. B. die Globuline, Kaseine usw., andere, z. B. die Albumine, sind wohl stabil, aber leichter fällbar als in geladenem Zustand. Wesentlicher noch ist der Unterschied in der Hydratation elektrisch geladener und nicht geladener Eiweißkörper: Geladene Eiweißteilchen (Eiweißionen) sind stärker hydratisiert als Neutralteilchen. Beweis: Gelatinescheibchen nehmen mit zunehmendem Zusatz von Säuren oder Alkalien, also entsprechend zunehmender Aufladung, zunehmend Wasser auf, sie quellen; entsprechend nimmt die Viskosität von Gelatinesolen zu, ebenso die Viskosität von Albuminsolen. Diese Übereinstimmung geht unter Umständen bis zur quantitativen; so quillt Gelatine ziemlich unabhängig von der Konzentration mit steigender Salzsäurekonzentration bis zu einem Maximum, das bei etwa 0,02 n-ClH liegt; bei derselben Säurekonzentration weist die Viskosität von Gelatinesolen und die Viskosität von Albuminsolen ebenfalls ein Maximum auf. Diese Viskositätssteigerungen durch Säuren und Alkalien sind also — zum größten Teil — als gesteigerte Hydratationen aufzufassen. Das elektrisch geladene Eiweiß ist ferner entsprechend seiner stärkeren Hydratation gegen dehydrierende Einflüsse, Alkoholfällbarkeit, Hitzegerinnbarkeit geschützt, beide sind entweder ganz aufgehoben oder stark verzögert.

Die Aufladung der Eiweißkörper kann durch Säuren und Basen, aber auch durch zwei- oder dreiwertige Salze (z. B. Ca- oder Fe-Salze) erfolgen. Die Gesetzmäßigkeiten der Säurebindung an Eiweißkörper können keineswegs als aufgeklärt gelten; feststehend ist bloß, daß isohydrische Säuren z. B. auf die Quellung der Gelatine nicht gleich einwirken, daß also auch das Anion bei der Säurewirkung von Bedeutung ist; man weiß ferner, daß eine maximale Säurebindung erst bei einem beträchtlichen Säureüberschuß eintritt. Besser orientiert ist man über die Bindung von Alkalien an Eiweiß; hier kommt es meist nur auf die Konzentration der Hydroxylionen an. Kasein vermag z. B. mit zunehmendem Natronlaugengehalt immer mehr Natronlauge zu binden, so kann sich 1 g Casein mit $11{,}4 \cdot 10^{-5}$ bis $182{,}4 \cdot 10^{-5}$ Äquivalenten Natronlauge verbinden. Man kann sich das etwa so vorstellen, daß mit zunehmendem Laugengehalt immer neue Carboxylgruppen des Eiweißmoleküls reaktionsfähig werden. Biologisch ist diese Erscheinung insofern wichtig, als die Eiweißkörper auf diese Weise als Puffer wirken und die Reaktion ihrer Umgebung in gewissem Ausmaß konstant halten können.

Die Wirkung anderer Ionen ist verschieden, je nachdem ob sie auf elektrisch geladenes oder auf ungeladenes Eiweiß einwirken. Die Salze der Alkalien wirken in kleinen Konzentrationen auf neutrales Eiweiß stabilisierend, sie schützen es vor der Alkoholfällung und vor dem koagulierenden Einfluß der Hitze. In großen Konzentrationen wirken sie fällend, und zwar nach ihrer Stellung in der Hofmeisterschen Ionenreihe: $SO_4 > PO_4$ Acetat $>$ Citrat $>$ Tartrat $>$ Cl $>$ $NO_3 > ClO_3 >$ Br $>$ J $>$ SCN und Li $>$ Na $>$ K $>$ NH_4. Diese Fällungen sind reversibel. Auf elektrisch geladenes Eiweiß wirken Alkalisalze schon in Spuren (0,0001 n) entladend und dehydratisierend, und zwar sowohl auf das durch Säuren positiv, als auch auf das durch Alkalien negativ geladene Eiweiß: Die Quellung der Gelatine wird herabgesetzt, ebenso die Viscositätssteigerung der Albuminsole und die Verzögerung bzw. Aufhebung von deren Hitzegerinnbarkeit und Alkoholfällbarkeit; in diesen Beziehungen verhalten sich die Alkalisalze den positiv und negativ geladenen Eiweißkörpern gegenüber ziemlich gleich. In höheren Konzentrationen wirken die Alkalisalze auch auf die geladenen Eiweißkörper fällend, und zwar auf das negativ geladene Eiweiß in denselben Reihenfolgen wie auf das neutrale, auf das positiv geladene (Säure-) Eiweiß in den gerade entgegengesetzten.

Die Erdalkalisalze (die Salze von Ca, Ba, Sr) fällen Eiweißkörper in viel geringeren Konzentrationen als die Alkalisalze; diese Fällungen sind irreversibel.

Komplizierter sind die Beziehungen der Eiweißkörper zu den Schwermetallsalzen; es tritt bei der Einwirkung beider aufeinander zunächst eine Fällung auf, die bei ganz kleinen Konzentrationen beginnt (oft schon bei 0,0001 n), mit steigender Schwermetallsalzkonzentration bis zu einem Maximum zunimmt, bei weiterem Salzzusatz dann wieder abnimmt und sich schließlich wieder homogen verteilt; bei dieser Fällung handelt es sich um eine zunehmende Entladung des elektronegativen Eiweiß unter das die Stabilität bedingende Potential, bei der Wiederlösung, wie auch experimentell nachgewiesen werden konnte, um eine positive Aufladung. Bei weiterem Salzzusatz kommt es bei Eisen, Uran, Zink- und Bleisalzen, nicht aber bei Kupfer-, Quecksilber-, Silbersalzen zu einer zweiten Fällung; diese ist wohl so zu erklären, daß die positiv aufgeladenen Metalleiweiße für die Anionen empfindlich gemacht und durch diese gefällt werden; diese zweite Fällung ist nicht mehr reversibel (Denaturierung, vgl. S. 6).

Noch eine biologisch wichtige Eigenschaft der Eiweißkörper muß erwähnt werden, nämlich ihre Fähigkeit, andere Moleküle als Aminosäuren in ihr Gesamtmolekül aufzunehmen. Schon von einfachen Aminosäuren ist es bekannt, daß sie sich mit Kohlehydratmolekülen (Glucosamin), Fettsäuren (Laurylalanylglycin) verbinden können. Eiweißkörper, die derartige fremde Moleküle enthalten, gehören zu den konstanten Bestandteilen verschiedener Zellen, so die Glykoproteide (z. B. die Mucinsubstanzen), die Chondroproteide, die eine kohlehydrathaltige Ätherschwefelsäure enthalten, schließlich die Nucleoproteide, die außer einem Kohlehydrat Phosphorsäure und eine Purin- bzw. Pyrimidinbase enthalten. Auch mit anderen Zellbestandteilen, z. B. den Lipoiden, gehen die Eiweißkörper Verbindungen mit besonderen Eigenschaften ein. Solche Lipoideiweißkomplexe sind nur unter bestimmten physikalischen Bedingungen stabil, es scheint dazu ein bestimmtes Konzentrationsverhältnis von Eiweiß, Lipoid, Wasser und Ionen zu gehören. Dies ist ja auch der Zustand, in dem die Eiweißkörper als Bestandteil des Mischkolloides Protoplasma in den tierischen und pflanzlichen Zellen und nur in diesen vorkommen.

VIII. Über Methoden zur Untersuchung kolloid-chemischer Veränderungen des lebenden Gewebes.

Ehe wir uns jetzt an die kolloidchemische Wertung einiger grundlegender Vorgänge in den Zellen heranmachen, wollen wir uns noch über die Entwicklung der Methodik unterrichten, denn

34 Methoden zur Untersuchung kolloid-chemischer Veränderungen.

gerade in den biologischen Wissenschaften bedeutet eine neue Methode nicht nur eine Verbesserung unserer Kenntnisse, sondern eine Erweiterung und Bereicherung. Zunächst werden wir sehen, daß die Entwicklung der Methoden der allgemeinen animalischen Biologie mit der Entwicklung der physikalischen Chemie Hand in Hand geht. Der animalisch-biologischen Methodik standen zwei Wege offen, der Weg des unbelebten Modells und das Experiment an der Zelle selbst, das eine physikalische oder chemische Auslegung ermöglicht. Was zunächst die Modellstudien anlangt, so waren die ersten darauf bedacht, mechanische Kräfte nachzuahmen, die Vorgängen in den Zellen zugrunde gelegt werden könnten; ich erinnere hier an das Zellteilungsmodell von Heidenhain, das aus einem ringförmigen Stahlband besteht, das die Zellmembran vorstellt, und aus Gummischnüren, die einerseits an dem Stahlring befestigt sind und an der anderen Seite durch zwei kleine, miteinander verbundene Beinringe im Innern des Systems zusammengehalten werden. Zerschneidet man die Verbindung der beiden Beinringe, dann schnellt das System infolge des Zuges der Gummischnüre auseinander, und es bilden sich zwei in der Mitte zuerst noch zusammenhängende Gebilde; die Beinringe stellen natürlich das Centrosoma, das sich zunächst teilt, die Gummischnüre die Astrosphären vor. Zugrunde gelegt ist dem Modell die Vorstellung, daß bei der Zellteilung bloß mechanische Kräfte am Werk sind, die bei Vorhandensein einer nachgiebigen Membran, elastischer Fäden und einer nach zwei Seiten gerichteten Spannung dieser Fäden eine Zellteilung hervorrufen könnten. Aus dieser Gedankenrichtung ist eine eigene Wissenschaft, die Entwicklungsmechanik, entstanden. So wie diese Modelle mechanische, bemühen sich spätere Versuche, physikalisch-chemische Kräfte der Zelle nachzuahmen; hierher gehören die zahllosen Versuche an Öltropfen, Chloroformtropfen usw., so z. B. der Versuch, einen Öltropfen zu teilen, indem man auf dem feuchten Objektträger in der Nähe zweier gegenüberliegender Stellen eines Öltropfens je einen Sodakristall bringt, der sich löst und an den nächstgelegenen Stellen eine Oberflächenspannungserniedrigung und damit eine Vergrößerung der Oberfläche hervorruft, wodurch an den zentral gelegenen Teilen eine Einschnürung und schließlich eine Abschnürung entsteht; es ist klar, daß in diesem Modell auf eine physikalisch-chemische Möglichkeit der Zellteilung hingewiesen wird, so wie in dem früheren auf eine mechanische. Die Entwicklung der Kolloidchemie brachte es mit sich, daß nunmehr durch Verwendung quellbaren Materials bei Zellmodellen die Modelle den Zellen ähnlicher gestaltet werden sollten; auch diese Modelle können aber über die Ursachen der Vorgänge in den Zellen nichts aussagen; die Beweiskraft solcher Modelle ist natürlich wegen der Einseitigkeit der Auffassung, die zu ihrer Darstellung führte, sehr gering.

Wertvoller sind die Versuche, die die Einwirkung von Substanzen bekannter kolloidchemischer Wirkung auf Lebensvorgänge studieren und aus der Art der Veränderung der Wirkung auf das Wesen des kolloidchemischen Vorgangs, der dem biologischen zugrunde liegt, schließen lassen. Freilich ist auch hier schärfste Kritik geboten. Wir wollen das an folgendem Beispiel erörtern. Es ist der Nachweis gelungen, daß eine größere Zahl Narkotica die Erstarrung von Gelatine in derselben Reihenfolge verzögern, in der sie die Narkose von Kaulquappen bewirken können, wie man aus der folgenden Tabelle entnehmen kann.

Tabelle 2.

Substanz	Verzögerung (—) Beschleunigung (+) der Erstarrung in Sekunden bei Konzentrationen in Molen				Narkotische Wirksamkeit
	0,05	0,3	1,0	3,0	
Äthyläther	— 240	—	—	—	1000
Chloroform	— 70	—	—	—	714
Chloralhydrat	— 55	—	—	—	167
Urethan	—	—150	—	—	24
Äthylalkohol	—	0	0	— 180	3
Rohrzucker	—	0	+ 28	+ 98	0

Kann man daraus den zwingenden Schluß ziehen, daß die narkotische Wirkung dieser Stoffe mit einer Verminderung der Gelatinierung, mit einer Verflüssigung des Protoplasmas einhergeht? Nein! Und warum nicht? 1. Weil diese Stoffe keine einheitliche Wirkung haben, sondern, wie experimentell festgestellt wurde, in niedrigen Konzentrationen anders wirken, sie erhöhen in niedrigen Konzentrationen die Permeabilität der Zellen und vermindern sie in höheren. Man kann also nicht sagen, welcher der biologischen Wirkungen die Wirkung der Stoffe auf die Gelatine parallel geht.

2. Ist nicht bekannt, ob die die Erstarrung hemmende Wirkung dieser Stoffe auf alle quellbaren Kolloide gleich ist. Im allgemeinen wird man für diese Methodik der kolloidchemischen Auswertung der Einwirkung von Substanzen mit bekannter kolloidchemischer Wirkung auf Zellen und Gewebe folgende Voraussetzungen machen können, deren Notwendigkeit sich aus der Erfahrung ergeben hat: 1. Die kolloidchemische Wirkung muß eine allgemeine, für alle hydrophilen Kolloide geltende sein; 2. die Substanzen dürfen auf die untersuchten lebenden Substrate nicht in verschiedenen Konzentrationen verschiedene Wirkungen ausüben, wie etwa die oben angeführten Stoffe; 3. man muß sich bemühen, die Ausgangsbedingungen für die Versuche so zu wählen, daß sie den Bedingungen am lebenden Objekt möglichst entsprechen.

Das sei an einem Beispiel erörtert: Man will z. B. mit Hilfe der Hofmeisterschen Ionenreihen beweisen, daß irgendein Vorgang im Protoplasma eine Eiweißfällung ist; nun gelten für die Fällung von Eiweißkörpern folgende Reihen: Bei Albumin $+ HCl < 0,001$ n fällen die Anionen in der Reihenfolge: $SO_4 >$ Acetat $> Cl > NO_3 > SCN > J$, und zwar für jedes dieser Anionen die Kationen in einer Reihenfolge: $Li > Na > K > NH_4 > Mg$, also $LiSO_4$ mehr als LiJ, $MgSO_4$ stärker als MgJ. Ist der Säuregehalt aber etwa 0,01 n, dann gilt für die Anionen bis zum NO_3 dieselbe Kationenreihe, für SCN und J aber die entgegengesetzte, d. h. $Mg > \ldots > Li$; es wirkt also $LiSO_4$ stärker fällend als LiJ, aber MgJ stärker fällend als $MgSO_4$; bei einem Säuregehalt von 0,03 n an ist die Kationenreihe für alle Anionen umgekehrt wie unsere ursprüngliche, dann fällt also LiJ mehr als $LiSO_4$, MgJ mehr als $MgSO_4$. Man wird sich also z. B., wenn man auf Grund der Übereinstimmung von Ionenwirkungen auf das Protoplasma mit der fällenden Wirkung desselben auf Eiweißkörper einen Vorgang in der Zelle als Eiweißfällung auffassen will, stets von der Reaktion überzeugen müssen, bei der dieser Vorgang vor sich geht.

Beweiskräftiger sind daher die Versuche mit Substanzen, die eine einheitliche Kolloidwirkung haben, und eine bei verschiedenen Konzentrationen nicht entgegengesetzte biologische. So ließ sich z. B. feststellen, daß das Pulsvolumen des in situ durchströmten Froschherzens in einer Ringerschen Salzlösung kleiner ist als in einem Salzgemisch, das die gleiche Zusammensetzung hat, nur an Stelle von NaCl die gleiche Zahl Äquivalente NaJ, und größer als in einem Gemisch, das entsprechend die gleiche Zahl Äquivalente Na_2SO_4 enthält. Hier stimmt die Reihenfolge der Anionen J, Cl, SO_4 mit der Hofmeisterschen Ionenreihe für die Quellungsbeeinflussung hydrophiler Kolloide überein, die ja im Jodid am stärksten, im Sulfat am schwächsten quellen; da aus anderen Versuchen bekannt ist, daß bei verbesserter Herztätigkeit der Wassergehalt des Herzmuskels vermehrt sein dürfte, ist der Schluß sehr wahrscheinlich, daß einem erhöhten Quellungsgrad des Froschherzmuskels eine erhöhte Leistungsfähigkeit entspricht.

Wirkliche Beweiskraft haben daher wohl nur Versuche an den Zellen selbst. Aus unseren kolloidchemischen Erfahrungen können wir im Protoplasma folgende Möglichkeiten kolloidchemischer Veränderungen annehmen:

1. Veränderungen im Hydratationsgrad;
2. ,, ,, Dispersitätsgrad:
   a) ,, der Oberflächen der Zellen,
   b) Fällungen, d. i. Verminderungen des Dispersitätsgrades aus äußeren Ursachen,
   c) Gel-Solumwandlungen, Erstarrung, Verflüssigung, d. i. Dispersitätsgradveränderungen durch innere, strukturelle Kräfte;
3. Entmischungsvorgänge des Mischkolloids.

Zur Messung dieser Veränderungen sind folgende Methoden ausgearbeitet: Ad 1. Die Bestimmung des Volumens von Zellen, Geweben, ganzen Tieren; Zu- oder Abnahme sind wohl fast immer als Quellung oder Entquellung zu deuten; das Volum der Zellen wird im Hämatokriten festgestellt, das der Gewebe durch Wägung, wobei allerdings auf die Wasseraufnahme oder -abgabe durch die Gewebsspalten Rücksicht zu nehmen ist. Ad 2b). Fällungen kann man direkt mit dem Mikroskop im Hell- oder Dunkelfeld beobachten. Ad 2c). Zur Aufklärung des Erstarrungszustandes wird die Viskosität auf irgendeine Weise indirekt zu ermitteln gesucht; zunächst qualitativ, indem man feststellt, ob Teilchenbewegungen innerhalb des Protoplasmas aufhören was als Erstarrung ausgelegt werden kann. Eine quantitative, freilich nicht für alle Zellen mögliche Methode wurde von botanischer Seite ausgearbeitet; es wurde an Stärkescheidenzellen von Vicia faba (Saubohne) experimentiert, und zwar die Zeit gemessen, die Stärkekörner in diesen — lotrecht stehenden — Zellen brauchten, um von einer Zellwand zur andern zu fallen; dann wurde der Weg bestimmt, den sie zurücklegten; daraus resultierte die Fallgeschwindigkeit; und auf diese konnte nun die physikalische Gesetzmäßigkeit angewendet werden, daß die Fallgeschwindigkeiten fester Körper in Flüssigkeiten, wenn die Bewegung langsam und gleichförmig vor sich geht, den Viskositäten der Flüssigkeiten umgekehrt proportional sind. Es wurden die Fallgeschwindigkeiten im Protoplasma und im Wasser gemessen und so beide Viskositäten verglichen. Diese schöne Methode ist nur dort brauchbar, wo das spezifische Gewicht der Granula von dem des Plasmas sehr verschieden ist; das ist bei tierischen Zellen meist nicht der Fall; hier muß die Verlagerung von Granula durch größere Kräfte als die Schwerkraft gemessen werden; man nimmt dazu meist die Zentrifugalkraft, und zwar so, daß sie etwa 4000 bis 5000 mal so stark wirkt wie die Schwerkraft. (Die Zentrifugalkraft ist nach folgender Formel leicht zu berechnen: $C = 4{,}024 \cdot n^2 \cdot r$, wobei C die Schwerkraft, n die Tourenzahl in der Sekunde, die man mit geeigneten Apparaten bestimmen kann, und r der Radius des Kreises ist, den die Enden der Zentrifugengefäße beschreiben.) An Eiern von Würmern wurde mit dieser Methode z. B. die Beobachtung gemacht, daß sie sich beim Zentrifugieren in drei Zonen scheiden, in eine Fettzone, in der die leichteren Öltröpfchen zusammengeballt sind, an dem einen Pol der Zellen, in eine Pigment- und Körnchenzone am andern Pol und in eine durchsichtige in der Mitte; man kann nun unter verschiedenen Bedingungen die Zentrifugalkraft messen, die eben eine derartige Bänderung der Zellen hervorruft und durch den Vergleich der hierzu nötigen Zentrifugalkräfte Schlüsse auf die Viskosität der Zellen unter diesen verschiedenen Bedingungen ziehen; denn die zur Verlagerung nötige Zentrifugalkraft und Viskosität verhalten sich bei den gleichen Zellen der gleichen Art symbat.

Außer diesen einer allgemeinen Anwendung fähigen kolloidchemischen Methoden gibt es natürlich noch viele zur Bearbeitung spezieller Probleme, so z. B. die Untersuchung der Doppelbrechung von Nervengewebe unter verschiedenen Bedingungen u.a.m.

IX. Vom Wasserhaushalt der Zellen und Gewebe.

Wir wollen uns nun dem eigentlichen Ziel unserer Besprechungen zuwenden, die Experimente zu erörtern, die die Bedeutung des kolloiden Zustandes der Bestandteile der Zellen für deren Funktionen aufklären sollen. Unter Funktion einer Zelle ist ja die Summe der Vorgänge zu verstehen, durch die sie sich auf ihre

Umgebung unter verschiedenen Verhältnissen einstellt; es werden Stoffe und Energien aufgenommen, umgewandelt, und dadurch wird der physiologische Zustand verändert, meist auch der kolloide; von den Zusammenhängen beider Zustandsänderungen soll im folgenden gesprochen werden. Man müßte eigentlich die Gesamtbeziehung der Zellen zu ihrer Umgebung ins Auge fassen, wenn man Lebensvorgänge charakterisieren will, des leichteren Verständnisses halber wollen wir uns aber bemühen, die gegenseitigen Beeinflussungen von Zellen und Umgebung in Einzelvorgänge zu zerlegen, und wir wollen nun so, wie wir bei den Kolloiden von der Hydratation, den Oberflächenaffinitäten und der elektrischen Ladung als charakteristischen Eigenschaften gesprochen haben, a priori vom Wasserhaushalt, den Oberflächenaffinitäten und der elektrischen Ladung der Zellen und Gewebe sprechen und sehen, ob diese Eigenschaften für die Tätigkeit von Zellen ebenso wichtig sind wie für die Stabilität einfacher Kolloide.

Die große Bedeutung des Wasserstoffwechsels der Zellen und Gewebe geht daraus hervor, daß erstens ohne Wasser kein Leben möglich ist und zweitens das Wasser für den Zustand der einzelnen hydrophilen Kolloide derselben eine wichtige Rolle spielt.

Der Wasserstoffwechsel hängt zunächst vom Wassergehalt der Zellen ab; dieser ist keineswegs eine konstante Größe, weder für die Zellart noch für das Individuum, doch nimmt die Konstanz, wie wir noch gelegentlich sehen werden, zu, je höher wir in der Tierreihe aufsteigen. Die Zellen höherer Tiere enthalten durchschnittlich 80 vH Wasser; stoffwechselarme Zellen, Stützgewebe, Fettgewebe, sind wesentlich wasserärmer; niedere Tiere enthalten oft wesentlich mehr, so z. B. der Schirm der Medusen 95 vH Wasser, und dabei hat er doch eine eigene Form. Höhere Tiere verändern ihren Wassergehalt auch in wesentlich engeren Grenzen. So können Säugetiere im Hunger alles Fett einbüßen, 50 vH ihres Eiweißbestandes, aber nur 10 vH ihres Wassergehaltes. Bei niederen Tieren findet eine viel größere Anpassung an ihre Umgebung statt; so können Frösche bei niederen Temperaturen, bei denen ihr Stoffwechsel gering ist, 50 bis 60 vH Wasser verlieren, so daß ihre Gewebe statt 80 vH nur 22 vH Wasser enthalten. Besonders stark ist diese Anpassung bei Schimmelpilzen und Bakterien.

Im Individuum hängt der Wassergehalt insbesondere vom Alter und von der Tätigkeit der Zellen ab; was das Alter anlangt, ist es bekannt, daß Zellen und Individuen mit zunehmendem Alter an Wassergehalt abnehmen, so enthält z. B. der neugeborene Mensch etwa 66 vH, der Erwachsene etwa 58 vH usw.; auch für die Anpassungsfähigkeit des Wassergehaltes niederer Organismen an ihre Umgebung ist das Alter maßgebend, so haben z. B. Hefen drei Wochen nach der Aussaat ihr Wasserregulationsvermögen, das, wie oben angedeutet, sonst stark entwickelt ist, verloren.

Außer von Art und Alter hängt der Wassergehalt einer Zelle auch sehr wesentlich von ihrer Tätigkeit ab. Schon von den Hefepilzen weiß man, daß sie bei der Gärung anschwellen, also Wasser aufnehmen; aber auch bei komplizierteren Organen wurde beobachtet, daß sie bei der Tätigkeit mehr Wasser enthalten als in der Ruhe, so wurde z. B. an der Speicheldrüse festgestellt, daß das Blut, das aus der Vene ausfließt, eingedickt ist, wenn man die Drüse elektrisch reizt, und zwar nimmt die Zelle dabei mehr Wasser auf, als sie mit dem Speichel in der betreffenden Zeit ausscheidet.

Für einen bestimmten mittleren physiologischen Zustand können wir aber für jede Zelle einen **mittleren Wassergehalt** annehmen. Wie kommt nun eine Veränderung dieses mittleren Wassergehaltes, also der Wasser-Stoffwechsel, zustande? Doch nur durch Überwindung jener Kräfte, die bestrebt sind, den mittleren Wassergehalt konstant zu halten. Diese Kräfte sind aber für die verschiedenen Zellen quantitativ und qualitativ verschieden; was die quantitativen Verschiedenheiten anlangt, wurde z. B. in Austrocknungsversuchen an Fröschen gezeigt, daß Muskel und Haut am leichtesten Wasser abgeben, Herz und Gehirn fast gar keines, zu einer Zeit, wo das ganze trocken gehaltene Tier bereits 30 vH seines Körpergewichtes verloren hat.

Welches sind nun die verschiedenen Qualitäten dieser Kräfte, die das Wasser in der Zelle festhalten? Grundsätzlich werden wir zwei unterscheiden müssen: 1. **osmotische Kräfte** und 2. die **Quellbarkeit** der kolloiden Zellbestandteile. Osmotische Kräfte können nur dort auftreten, wo semipermeable Membranen vorhanden sind, die für das Lösungsmittel durchgängig sind, für die gelösten Stoffe oder für einzelne derselben aber nicht. Wenn Zellen von solchen semipermeablen Membranen umgeben sind,

dann muß, wenn sie sich in einer hypotonischen Salzlösung befinden, also in einer solchen, deren Salzgehalt geringer ist als der der Zellflüssigkeit selbst, Wasser in das Innere der Zelle eindringen und ihr Volumen vermehren; diese Volumsvermehrung äußert sich dann in einem gesteigerten Druck auf die Zellwand, der schließlich zum Platzen der Zellen führen kann. Für manche Pflanzenzellen sind solche semipermeable Membranen mit Sicherheit nachgewiesen; sind es doch solche Pflanzenzellen gewesen, an denen die ersten Gesetze über den osmotischen Druck abgeleitet worden sind; später wurden an dem klassischen Objekt, an dem Pfeffer seine Untersuchungen vornahm, an den Mittelrippen der Blätter von **Tradescantia** discolor, mit Hilfe zellosmotischer Messungen (vgl. S. 13) in der die Zellen umgebenden Flüssigkeit Konzentrationsunterschiede von 0,0025 Molen nachgewiesen. Zu derartigen Versuchen sind freilich bloß solche Zellen geeignet, die aus einer ganz dünnen Zellulosemembran, einem dünnen Protoplasmaschlauch und einem großen Zellsaftraum bestehen. Hier sind wirklich die günstigsten Bedingungen für den osmotischen Wasseraustausch gegeben; doch ist auch in diesen Fällen der Gesamtdruck im Inneren der Zellen nicht allein auf den osmotischen Druck zurückzuführen, auch die Elastizität der Membran, der durch die Oberflächenspannung zwischen Protoplasten und Umgebung hervorgerufene Druck (Zentraldruck) und schließlich der Quellungsdruck der Zellkolloide (vgl. S. 13) sind daran beteiligt.
— Daß für die Wasseraufnahme und -abgabe von Zellen auch die **Quellbarkeit** ihrer Kolloide eine Rolle spielt, dafür sprechen zunächst Versuche an isolierten Organen, aus denen hervorgeht, daß die Wasseraufnahme keineswegs in isotonischen Lösungen gleich ist, daß sie vielmehr in Säuren und Alkalien am stärksten ist und daß die durch diese hervorgerufenen Steigerungen des Wassergehaltes durch geringe Mengen Salze aufgehoben werden, also Quellung durch Spuren Säure oder Alkalien, antagonistische Wirkung von Salzen, wie wir es bei einfachen Eiweißkörpern gesehen haben (vgl. S. m). So wächst das Gewicht eines Musculus gastrocnemius des Frosches, wenn man ihn 18 Stunden in Salzlösungen gehalten hat, in $^n/_{10}$-KCl um 50 vH, in $^n/_8$-NaCl um 5 vH, in $^n/_8$-LiCl um 0 vH, während es in $^n/_8$-CaCl$_2$ um 20 vH abnimmt. Das können keine osmotischen Kräfte sein. Dieselben Gesetzmäßigkeiten wurden an Blutkörperchen, Linsen, ganzen

Augen beobachtet; daneben sind an Blutkörperchen ganz einwandfrei osmotische Druckausgleiche festgestellt worden. Wir müssen also für die tierischen Zellen, die im Gegensatz zu pflanzlichen ganz mit Protoplasma ausgefüllt sind, beide Kräfte als wirksam annehmen; jedenfalls ist der durch osmotische Kräfte bedingte Salz- und Wasserausgleich erschwert, wenn das Protoplasma visköser ist, denn der osmotische Ausgleich ist eine Folge der Molekularbewegung, und seine Geschwindigkeit hängt von der Viskosität des Mediums ab. Die Ionen wirken aber auch elektrisch aufladend oder entladend auf die Zellkolloide und bieten dadurch wieder eine Möglichkeit zum Wassertransport, wie wir noch ausführlich besprechen wollen (vgl. S. 54). Alle diese Phänomene hängen eben zusammen und sind am Wassertransport der Zellen und Gewebe beteiligt.

Für das Wassergleichgewicht einzelner Zellen sind vorwiegend die Salzlösungen der Umgebung maßgebend, vor allem das Verhältnis der Konzentrationen von Alkali (Na, K) und zweiwertigen Ionen, besonders Ca, während der überragend hohe NaCl-Gehalt der Zwischenzellflüssigkeiten für das osmotische Gleichgewicht zwischen Zellen und Umgebung maßgebend ist. Das Wassergleichgewicht einzelner Zellen hängt von ihrem eigenen Wasser- und Salzgehalt und von dem ihrer Umgebung ab und schließlich von der Entstehung von Substanzen, die im Stoffwechsel gebildet werden und auf die osmotisch wirksame Konzentration im Inneren sowohl als auch auf den Quellungszustand der Zellen von Einfluß sein können. Von untergeordneter Bedeutung ist die Wassermenge, die durch chemische Prozesse in den Zellen entsteht, wenn etwa der Wasserstoff mancher Zellbestandteile zu Wasser verbrannt wird; beim Menschen macht das so entstandene Wasser etwa 16 vH des gesamten ausgeschiedenen Wassers aus.

Im Organismus höherer Tiere ist der Wasserhaushalt der Zellen wesentlich komplizierter. Bei im Wasser lebenden Tieren ist eine Regulierung nach innen und nach außen nötig; so ist von Kaulquappen bekannt, daß ihr Wassergehalt bei einem bestimmten kleinen Salzgehalt der Umgebung optimal ist, Zunahme und Abnahme desselben bedingen eine Gewichtsabnahme der Tiere. Bei Landtieren mit geschlossenem Blutgefäßsystem findet ein ständiger Wasserausgleich zwischen Blut und Geweben statt. Für den konstanten Wassergehalt des Blutes ist in erster Linie seine konstante Reaktion maßgebend und der Gehalt an entwässernden Salzen, besonders an Ca. Beide sind durch den Gehalt des Blutes an $NaHCO_3$ und CO_2 garantiert (vgl. S. 17), größere Reaktionsverschiedenheiten können übrigens durch besondere Stoffwechselprodukte ausgeglichen werden, so wird z. B. bei Übersäuerung die Harnstoffbildung aus Ammoniak vermindert und dadurch die Ammoniakmenge und damit die Möglichkeit der Neutralisierung der Säure vermehrt. Der Wassergehalt des Blutes hält sich im normalen Leben möglichst konstant; injiziert man z. B. einem Hund hypotonische Salzlösungen in die Vene, dann geht der größte Teil des Wassers fast sofort in den Muskel, dessen osmotischer Druck (gemessen im Preßsaft) abnimmt, während der des Blutes konstant bleibt; injiziert man hypertonische Lösungen, dann bleiben Salze und Wasser längere Zeit im Blut. Für die Konstanz des Wassergehaltes der Gewebe ist vor allem die Sauerstoffversorgung derselben maßgebend; wenn die Zellen nicht genügend Sauerstoff bekommen, entstehen in ihnen Säuren, die eine Quellung der Gewebe, also eine Vermehrung des Wassers oder zumindest eine festere Bindung veranlassen.

Nicht alle Gewebe sind im gleichen Ausmaß imstande, an der Regulierung des Wassergehaltes teilzunehmen. Der höhere Säugetierorganismus hat zwei Wasserdepots: die Muskulatur, die etwa $4/10$ des Körpergewichts ausmacht und etwa $4/6$ des Depotwassers enthält, und die Haut, die etwa $1/6$ enthält. Überdies hängt der Wassergehalt der Gewebe auch, wie schon erwähnt, mit der Tätigkeit zusammen; in hypotonischen Lösungen ist z. B. die Erregbarkeit der Muskeln gesteigert; außerdem weiß man, daß die wasserarmen Muskeln entwässerter Frösche eine verminderte Erregbarkeit haben, vor allem zeigt die Latenz des Muskels auf indirekte Reizung mit zunehmendem Wasserverlust eine bedeutende Zunahme.

Wir sehen also, daß bis auf einzelne Zellen mit vorwiegend flüssigem Inhalt manche Pflanzenzellen, vielleicht auch rote Blutkörperchen, bei denen die osmotischen Kräfte überwiegen, die Eigenschaften der Kolloide der Zellen, ihre Viskosität, Quellungsgrad, Quellbarkeit, elektrische Ladung für den Wasserstoffwechsel entweder ausschlaggebend sind oder jedenfalls dabei eine Rolle spielen. Ganz rein werden die einzelnen Kräfte nur in extremen Fällen zur Geltung kommen können.

Dem Verständnis des Zusammenwirkens dieser Faktoren kommen wir wohl am nächsten, wenn wir zunächst annehmen, daß das Wasser in der Zelle in zwei verschiedenen Formen vorkommt, als freies Wasser und als Quellungswasser. Dies wurde schon vor langer Zeit aus folgender einfachen Berechnung geschlossen: Ein Musculus sartorius des Frosches wiegt, wenn man ihn längere Zeit in 0,7proz. NaCl-Lösung beläßt, 0,3 g; davon sind 0,24 g Wasser, und von diesem Wasser sind, wie man sehr wahrscheinlich machen kann, 0,19 g in den Fibrillen, der Rest zwischen ihnen; wird der Muskel nun in eine halb so starke, also 0,35proz. NaCl-Lösung gebracht, dann müßte er ebensoviel Wasser aufnehmen, als er bereits enthält, d. i. also 0,19 g, er müßte dann 0,49 g wiegen, das Experiment ergab aber, daß er nur 0,4 g wog; 0,9 g Wasser von den 0,24 g wären dann nicht frei und demnach nicht osmotisch wirksam; nach Anbringung einiger Korrekturen kann man berechnen, daß in diesem Muskel bloß 68 vH des Wassers frei sind. Wahrscheinlich wird es da aber Übergänge geben, und das Wasser wird mit verschiedener Festigkeit gebunden sein. Wir wissen z. B., daß etwa 700 Atmosphären nötig sind, um eine 10proz. Gelatine zu entwässern; ist diese Gelatine durch das Entwässern 25proz. geworden, dann sind etwa 1250 Atmosphären nötig. Dieses veränderliche Verhältnis zwischen freiem und gebundenem Wasser ist wohl der maßgebende Faktor für die Bedeutung des Wasserhaushaltes der Zellen und Gewebe für ihre Funktion.

X. Von den Oberflächenaffinitäten der Zellen und Gewebe.

Eine weitere für den Stoffwechsel der Zellen sehr bedeutungsvolle Eigenschaft sind ihre Oberflächenaffinitäten; sie sind bedingt durch die freie Oberfläche der Kolloidteilchen und durch deren Oberflächenspannung (vgl. S. 11); sie wirken zunächst so, daß oberflächenaktive Substanzen gebunden werden, wodurch die Oberflächenspannung erniedrigt wird. Wir wissen, daß solche durch Oberflächenaffinitäten hervorgerufene Verbindungen ihre eigene Kinetik haben, nämlich nach der ,,Adsorptionsisotherme" verlaufen (vgl. S. 19). Für uns ergibt sich nun die Frage, ob es auch Erscheinungen in den Zellen gibt, die als Oberflächenphänomene aufgefaßt werden können. Ein sehr wichtiges Beispiel solcher Phänomene sind die Oxydationsvorgänge in den Zellen. Die Zelle verbraucht bekanntlich Sauerstoff, und zwar je nach den verschiedenen Lebensbedingungen in verschiedenem Ausmaß; auch die roten Blutkörperchen atmen natürlich; löst man sie, z. B. durch Erfrieren, auf und läßt sie wieder auftauen, trennt die festen Bestandteile durch Zentrifugieren von dem überstehenden gelösten Hämoglobin, dann kann man nachweisen, daß nur die festen Bestandteile atmen; die Atmung geht also nur an den festen Bestandteilen vor sich. Die Zellen binden aber nicht bloß den Sauerstoff, sondern sie verbrauchen ihn zur Oxydation oxydabler Substanzen; schüttelt man z. B. die Blutkörperchen mit Aminosäuren (Cystin, Tyrosin), dann bildet sich unter anderem Kohlensäure und Schwefelsäure, Zeichen, daß die Aminosäuren zum Teil oxydiert wurden. Es gelang nun nachzuweisen, daß diese Oxydation eine Oberflächenreaktion ist, und zwar auf folgende Weise: Daß Reaktionen von Gasen an Oberflächen beschleunigt werden, ist seit langem bekannt; seit Faraday weiß man, daß feste Körper, Glaspulver, Quarz, Kohle u. dgl., die Geschwindigkeit der Reaktion von Wasserstoff und Sauerstoff vergrößern und daß die Ursache dieser Beschleunigung in der Verdichtung der Gase an der Oberfläche besteht, indem dadurch die reagierenden Stoffe auf jene Konzentrationshöhe gebracht werden, die zur Erteilung einer meßbaren Umsetzungsgeschwindigkeit nötig ist. Man nennt eine solche Beschleunigung durch Oberflächenkräfte Adsorptionskatalyse. Es gelang dann weiter nachzuweisen, daß nicht nur Reaktionen von Gasen an Oberflächen beschleunigt werden, sondern daß solche Reaktionsbeschleunigungen auch durch Adsorption aus Lösungen hervorgerufen werden können, und zwar wurde dies zuerst an der oxydativen Zersetzung der Oxalsäure nachgewiesen. Wird Oxalsäure mit Tierkohle geschüttelt, dann wird ein Teil in Kohlensäure und Wasser gespalten. Ein weiteres wichtiges Beispiel dafür ist die Oxydation von Brennstoffen der Zelle, nämlich von Aminosäuren durch Schütteln mit Blutkohle; genau so, wie wir es oben für die Zellen besprochen haben, gelingt es, Cystin und Tyrosin durch Schütteln mit Tierkohle zu oxydieren, und zwar ließ sich in beiden Fällen nachweisen, daß um so mehr verbrannt wird, je mehr adsorbiert wird. Dies ist wohl ein Beweis dafür, daß auch die Verbrennung von Aminosäuren durch Schütteln mit roten Blutzellen Oberflächenphänomene sind. Ein weiterer Beweis ist der: Diese Oxydationen der Aminosäuren lassen sich durch Narkotica hemmen, und zwar sowohl die Oxydationen an Tierkohle als die an Zellen; daß man auch die Verbrennung an der Tierkohle narkotisieren kann, ist zunächst seltsam; eine Erklärung ergibt jedoch der Befund, daß aus einem Gemisch von Aminosäure + Narkoticum weniger Aminosäure gebunden wird, als wenn diese allein in der Lösung vorhanden ist. Das ist nur so zu erklären, daß die Narkotica als stark oberflächenaktive Substanzen stärker adsorbiert werden und die Aminosäuren von der Oberfläche verdrängen. Die Oxydationshemmung durch Narkotica ist also eine Adsorptionsverdrängung, die Oxydation somit ein Oberflächenphänomen. Je stärker ein Narkoticum verdrängt, um so stärker ist seine die Atmung hemmende Wirkung; die Wirkung der Narkotica hängt also nicht von ihrer Konzentration, sondern von ihrer Adsorbierbarkeit ab, wie die folgende Tabelle beweist, in der einige Narkotica angeführt sind in Konzentrationen, in denen sie die Oxydation einer Aminosäure an Tierkohle um 50 vH hemmen; c bedeutet die zugesetzte Konzentration, x die bei dieser Konzentration von 1 g Tierkohle adsorbierte Menge.

Tabelle 3.

	c	x
Dimethylharnstoff	0,03	1,1
Diäthylharnstoff	0,002	0,68
Phenylharnstoff	0,0002	0,76
Acetamid	0,17	1,2
Valeramid	0,003	0,62
Aceton	0,073	1,33
Methylphenylketon	0,0004	0,73
Amylalkohol	0,0015	0,87
Acetonitril	0,2	1,5

Während die zur gleichen Wirkung nötigen Konzentrationen Narkoticum im Verhältnis 1 : 1000 schwanken, sind die Unterschiede in der Adsorbierbarkeit 1 : 2,5; es kommt also für diese Wirkung nur auf die Adsorbierbarkeit an.

Die Oberflächenreaktionen haben viel allgemeinere Bedeutung; nicht nur die Oxydationen, sondern wohl alle fermentativen Vorgänge in den Zellen sind als Adsorptionskatalysen aufzufassen. Schon vor längerer Zeit wurde darauf hingewiesen, daß kolloide Metalle, so wie die Fermente in den Zellen in kleinsten Mengen imstande sind, Reaktionen zu beschleunigen; 1 g Platin vermag z. B. noch in 70 Millionen Litern die H_2O_2-Zersetzung zu beschleunigen. Der Vergleich dieser „anorganischen

Fermente" mit den organischen wurde an der Zersetzung des H_2O_2 durch Platin einerseits und durch Hämase andererseits studiert; es zeigte sich, daß beide Fermente diesen Prozeß nach den gleichen Gesetzen beeinflussen. Beide zeigen auch eine optimale Wirkung bei einer optimalen Temperatur und bei einer optimalen Reaktion (H-Ionenkonzentration). Diese Optima sind besonders scharf bei organischen Kolloiden, wir haben sie auch bei verschiedenen Reaktionen einzelner Eiweißkörper kennengelernt; sie sind allgemeine Eigenschaften kolloider Reaktionen, hängen also vom Zustand der Fermente ab. Übrigens hängen sie nicht von den Eigenschaften der Fermente allein ab; denn das gleiche Ferment wirkt oft auf verschiedene Substrate in der gleichen Weise, aber bei verschiedenen Optima; das maßgebende dürften vielmehr die Ferment-Substratverbindungen sein; diese stellen den labilen zerfallenden kolloiden Komplex dar. Entsprechend der Beziehung der Fermentvorgänge kann man sowohl die durch anorganische, als auch durch Zellen hervorgerufenen, fermentativen Prozesse durch die gleichen Gifte hemmen; wir haben das für die Narkotica bereits kennengelernt; ebenso wirken Schwermetalle; aber auch rein oberflächenaktive Substanzen vermögen Fermentvorgänge zu hemmen; so hemmt das Saponin die Wirkung der Urease aus der Sojabohne, die imstande ist, Harnstoff in Ammoniumcarbonat umzuwandeln; diese Hemmung der Fermentwirkung ist also durch direkte Herabsetzung der Oberflächenspannung hervorgerufen und damit durch Verminderung der Oberflächenaktivitäten.

Ähnlich müßten nun Stoffe, die Adsorptionsverstärkung hervorrufen, die Bindung anderer Substanzen durch Zellen verstärken; auch dies konnte nachgewiesen werden; die Hämolyse der roten Blutkörperchen durch Saponin ist z. B. eine Funktion der Konzentration desselben; wenn man nun Blutkörperchen in isotonischer Rohrzuckerlösung aufschwemmt oder in Lösungen, deren Isotonie durch Mischung von Rohrzuckerlösung + steigenden Mengen NaCl-Lösung aufrechterhalten wird, dann kann man z. B. aus der beifolgenden Abb. 5 erkennen, daß dieselbe Saponinkonzentration um so stärker hämolytisch wirkt, je mehr Salz vorhanden ist; wir erinnern uns hierbei an die Verstärkung der Essigsäurebindung an Tierkohle durch Kochsalz (vgl. S. 19).

Wir haben im vorhergehenden von Oberflächenreaktionen in Zellen gesprochen, von Adsorptionsverbindungen, Adsorptionsverdrängungen, Adsorptionsverstärkungen. Welche Oberflächen sind damit gemeint? Die Oberflächen der einzelnen Primär- und Sekundärteilchen der Kolloide der Zellbestandteile, oder die äußere Oberfläche der Zelle? Exakt läßt sich die Frage bisher nicht beantworten. Jedenfalls müßte sich aber eine Veränderung der inneren Oberflächen auch in einem verschiedenen Erstarrungszustand äußern, meßbar an der Viskosität des

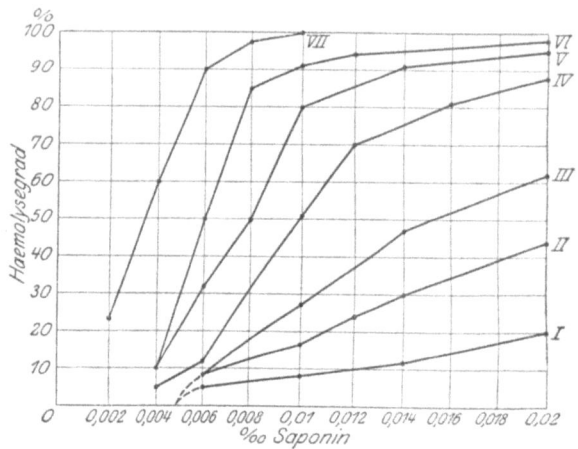

Abb. 5. 2,5 ccm roter Kaninchenblutkörperchen sind in folgenden Flüssigkeiten aufgeschwemmt:

I	in	100	ccm	7,8	vH	Rohrzucker	+	0 ccm 0,9 vH NaCl	
II	,,	96	,,	,,	,,	,,	+	4 ,, ,, ,,	
III	,,	90	,,	,,	,,	,,	+	10 ,, ,, ,,	
IV	,,	80	,,	,,	,,	,,	+	20 ,, ,, ,,	
V	,,	40	,,	,,	,,	,,	+	60 ,, ,, ,,	
VI	,,	0	,,	,,	,,	,,	+	100 ,, ,, ,,	
VII	,,	0	,,	,,	,,	,,	+	100 ,, 3.6 vH ,,	

Die obigen 7 Kurven stellen nun den Verlauf der Saponinhämolyse der Blutkörperchen in diesen 7 Lösungen dar und zwar bedeuten die Abszissen die Saponinkonzentrationen, die Ordinaten die Hämolysegrade. Man sieht, daß die gleichen Saponinkonzentrationen um so stärker hämolysierend wirken, je mehr Salz zugegen ist.

Protoplasmas; es müßten dann Narkotica auch eine reversible Herabsetzung der Oberflächenspannung und somit des Dispersitätsgrades des Protoplasmas bedingen. Das ist nun tatsächlich der Fall. Erwärmt man gewisse Pflanzenzellen auf 25 bis 35°, dann bleibt die Viskosität und ihre geotropische Reizbarkeit unverändert; bei einer weiteren halbstündigen Erwärmung auf 45° ist die Viskosität gesteigert und die Reizbarkeit herabgesetzt; dasselbe läßt sich bei der Lähmung der geotropischen Reizbarkeit an

Stärkescheidezellen von Vicia faba nachweisen (vgl. S. 37); bringt man diese Zellen in Lösungen von Äther in Wasser, dann ist bei den Konzentrationen, die die geotropische Reizbarkeit vermindern oder aufheben (0,4 bis 1,6 vH), die Viskosität des Protoplasmas gesteigert. Bei diesen Pflanzenzellen geht also verminderte Reizbarkeit mit einer Steigerung der Viskosität parallel; über diese Zusammenhänge bei der Lähmung von Zellen soll später noch gesprochen werden (vgl. S. 58).

Auch andere physiologische Vorgänge sind an bestimmte Viskositäten des Protoplasmas gebunden; besonders fein scheint die Viskosität des Protoplasmas in den verschiedenen Phasen des Zellteilungsvorganges abgestuft zu sein. An Wurmeiern wurde mit Hilfe der Zonenbildung durch Zentrifugalkraft z. B. nachgewiesen, daß bei Entstehung des ersten und des zweiten Polkörperchens, sowie bei Beginn der Mitose diese Viskosität des Protoplasmas plötzlich beträchtlich ansteigt, um nach einigen Minuten wieder abzufallen. Sowohl eine Vergrößerung als auch eine Verkleinerung der Viskosität hemmen nun die Zellteilung; so rufen Anaesthetica in schwachen Konzentrationen und Hypotonie eine Verminderung der Viskosität hervor und hemmen die Teilung befruchteter Eier vollkommen; Hypertonie und Blausäure steigern die Viskosität, hemmen aber die Entwicklung auch, indem zwar noch eine Spindelfigur entsteht, eine weitere Teilung aber nicht mehr zustande kommen kann. Wir sehen also, daß verschiedene physiologische Zustände der Zellen an verschiedene physikalisch-chemische gebunden sind.

Von biologischer Bedeutung ist ferner die Tatsache, daß sich Moleküle, die sich in Lösungen unorientiert bewegen, an Oberflächen orientieren; so sind z. B. an der Grenzfläche von Isoamylalkohol und Wasser die Moleküle des Alkohols so gerichtet, daß die OH-Gruppen dem Wasser, die Kohlenwasserstoffketten dem Alkohol zugekehrt sind. Auf diese Weise werden Moleküle eines Stoffes an Oberflächen in bestimmte Lagen zueinander gebracht und können dadurch chemisch „aktiviert" werden. So erklärt man, daß viele im Reagenzglas schwer umsetzbare Substanzen durch Organismen leicht verändert werden.

XI. Von den elektrischen Vorgängen in der Zelle.

In dieser Vorlesung wollen wir uns mit der Rolle beschäftigen, welche die elektrischen Vorgänge bei der Funktion der Zellen spielen und wie diese elektrischen Vorgänge in den Zellen mit dem kolloiden Zustand derselben zusammenhängen.

Isolierte Zellen haben bekanntlich eine nachweisbare Eigenladung. Blutkörperchen, Bakterien sind negativ geladen, sie wandern im Stromgefälle zum positiven Pol; Paramäcien sind positiv geladen; diese Ladung ist natürlich leicht beeinflußbar; die Blutkörperchenladung läßt sich durch Anionen verstärken, durch Kationen, besonders durch mehrwertige Al, Fe, La vermindern, die Zellen werden entladen, ja sogar umgeladen. Die Blutkörperchen haben ihre Ladung sowohl in NaCl-Lösung als auch in Rohrzuckerlösung; sie ist daher wohl zum Teil auf Eigenladung zurückzuführen — die Eiweißkörper sind negativ geladen —, zum Teil wohl auch auf Aufladung. Welche Rolle spielen nun die intracellulären Ionen bei dieser Ladung der Blutzellen sowie bei den elektrischen Vorgängen in Zellen überhaupt? Man hat nachgewiesen, daß die elektrische Leitfähigkeit von Serum vermindert wird, wenn man rote Blutkörperchen zusetzt, genau so, wie wenn man etwa Sand zusetzen würde. Es sind doch aber Ionen in den Zellen, die sich am Stromtransport beteiligen könnten; da die Zellen den Strom nicht leiten, müssen diese Ionen behindert sein, die Zellen zu verlassen und den Strom auch außerhalb der Zellen zu leiten. Es gelingt aber nachzuweisen, daß die Blutkörperchen eine innere Leitfähigkeit haben; schaltet man nämlich in einen Kondensator, wie ihn grundsätzlich z. B. eine Leidener Flasche oder eine Franklinsche Tafel darstellt, einen Leiter, dann wird die Kapazität dieses Kondensators vergrößert; schaltet man nun in einen Kondensator einmal ein Gefäß mit Blutkörperaufschwemmung und dann das Gefäß gefüllt mit verschieden konzentrierten Kochsalzlösungen, dann findet man, daß die Ladung der Blutzellen der einer 0,1 bis 0,4 proz. NaCl-Lösung entspricht. Die **Blutkörperchen haben also eine innere Leitfähigkeit, d. h. es können in ihnen Potentialdifferenzen, also elektromotorische Kräfte, entstehen.**

Ähnlich ist es auch mit den Zellen im Gewebsverband bestellt. Leitet man einen Strom durch einen metallischen Leiter, dann gilt nach dem Ohmschen Gesetz die Beziehung: Elektromotorische Kraft = Stromstärke × Widerstand. Schickt man aber einen Strom durch einen tierischen Körper, dann nimmt der Widerstand bei gleicher Spannung immer mehr zu, und zwar um so mehr, je kleiner die Spannung wird. Überdies beobachtet man, was wir gleich verstehen werden, daß der Wechselstromwiderstand kleiner ist als der Gleichstromwiderstand. **Der Körperwiderstand ist also veränderlich.** Diese Veränderlichkeit des Widerstandes, also seine Zunahme während der Durchströmung, kann entweder eine **Kapazität** sein, also gewissermaßen eine Speicherung der Elektrizität, oder eine **Polarisation**; so nennen wir die Erscheinung, daß durch einen elektrischen Strom in einem leitenden Medium ein diesem entgegengesetzter hervorgerufen wird, der den ersten schwächt, somit den Widerstand des Systems vergrößert.

Wenn wir z. B. in ein Gefäß mit Schwefelsäure einen Zinkstab und einen Kohlestab stecken, dann gehen positive Zinkionen von dem Zinkstab in Lösung, dieser lädt sich daher negativ; die Zinkionen wandern in der Lösung zur Kohleelektrode, die dadurch positiv geladen wird; nach einiger Zeit umgibt sich jedoch diese Kohleelektrode mit einer Zinkschicht, von der sich gleichfalls positive Ionen ablösen, die nun gegen die Zinkelektrode hin, also in einer der ursprünglichen Stromrichtung entgegengesetzten wandern; dieser Strom ist ein **Polarisationsstrom**.

Es läßt sich nun berechnen, daß auch die Widerstandsvergrößerung im menschlichen Körper bei der Durchströmung durch eine Polarisation hervorgerufen ist. **Es können demnach Potentialdifferenzen in der Zelle entstehen!** Wie kommen solche Potentialdifferenzen zustande? 1. Durch Umwandlung aus chemischer Energie (elektrochemisches Potential) und 2. durch Konzentrationsunterschiede (Diffusionspotential) infolge verschiedener Wanderungsgeschwindigkeit von Anion und Kation. Überschichtet man z. B. eine konzentrierte HCl-Lösung mit einer verdünnten, dann werden natürlich H- und Cl-Ionen von Orten höherer zu Orten niederer Konzentration und somit Potentials diffundieren; die H-Ionen wandern nun 5 bis 10 mal schneller als alle übrigen Ionen, sie müssen daher vorauseilen; es wird so an der Grenze zwischen konzentrierter und verdünnter Lösung eine Potentialdifferenz entstehen, indem die vorauseilenden H-Ionen die verdünnte Schicht positiv aufladen; die konzentrierte ist daher negativ. 3. Besonders verstärkt können solche Potentialdifferenzen werden, wenn zwischen beide Elektrolytschichten ein mit Wasser nicht mischbares organisches Lösungsmittel zwischengeschaltet ist, in dem beide Ionen verschieden löslich sind. Stellen wir uns z. B. folgende elektromotorische Kette vor: 0,1-n-KCl — — Salicylaldehyd + Spur Salicylsäure — — 0,02-n-NaCl — — 0,1-n-KCl, jede dieser Lösungen in einem Becherglas, die durch gefüllte Heber verbunden sind, dann werden K-Ionen in die organische Zwischenschicht einwandern und diese positiv laden; die linke KCl-Lösung ist daher negativ und daher die NaCl-Lösung und somit die rechte KCl-Lösung positiv geladen, d. h. verbindet man die beiden KCl-Lösungen durch einen Kupferdraht, dann wird der Strom außerhalb der Kette von rechts nach links gehen. Man nennt solche an der Grenze zweier (nicht mischbarer) Phasen entstehenden elektromotorischen Kräfte Phasengrenzkräfte. 4. Auch an den Wänden eines festen Körpers an den zwei verschiedene elektrolytische Flüssigkeiten angrenzen, entsteht eine Potentialdifferenz; stellen wir uns eine HCl- und eine NaOH-Lösung vor, die durch eine Glaswand voneinander getrennt sind: das HCl wird die ihr zugewendete Seite der Wand positiv aufladen, die dieser benachbarte Flüssigkeitsschicht der HCl-Lösung wird daher negativ geladen sein; ebenso wird das NaOH die ihr zugewendete Seite negativ aufladen; die Flüssigkeit wird dann positiv geladen; verbindet man die beiden Flüssigkeiten, dann entsteht auch hier ein Strom, der von dem NaOH zur HCl geht. Diese Potentialdifferenz ist durch Aufladung zustande gekommen, man kann sie daher durch Ionen, wie wir das seinerzeit besprochen haben, beeinflussen, auf der sauren Seite werden mehrwertige Kationen, auf der alkalischen mehrwertige Anionen das Potential vergrößern. Auf solche verschiedene Weise können also Potentialdifferenzen zustande kommen.

Wie entstehen nun elektrische Ströme in Zellen und Geweben? Dazu müssen wir uns zunächst einige elektrophysiologische Grundtatsachen vor Augen führen, die wir seit du Bois-Reymonds und Herrmanns Untersuchungen kennen. Vom Muskel wissen wir: 1. daß jede verletzte Stelle einer unverletzten Stelle gegenüber negativ geladen ist (Ruhestrom); 2. daß jede gereizte Stelle einer ungereizten gegenüber negativ geladen ist (Aktionsstrom); 3. daß jede kältere Stelle der wärmeren gegenüber negativ geladen ist (Thermostrom). Zur Erklärung dieser Ströme müssen wir die Tatsache heranziehen, daß verletzte und gereizte Stellen im Muskel Säure produzieren; diese wandert vom Entstehungsorte weg, die H-Ionen schneller als die Anionen, daher werden die Entstehungsorte negativ geladen. Ohne uns auf eine Theorie darüber einlassen zu wollen, müssen wir uns auf alle Fälle vorstellen, daß die dem Sarkolemm zunächstliegenden Plasmaschichten durch verschiedene Ionen verschieden aufladbar sind, dafür können nach unseren kolloidchemischen Erfahrungen verantwortlich sein: die verschiedene Eigenladung dieser verschiedenen Teile, ihre verschiedene Oberflächenbeschaffenheit, sowie auch chemische Eigenschaften, so wissen wir z. B., daß Phosphorwolframsäure oder Pikrinsäure mit Natrium lösliche, mit Kalium unlösliche Verbindungen geben usw.

Ähnliche Ströme wie am Muskel wurden an Nerven, am Epithel der Haut, ferner an Drüsen beobachtet.

Wichtig sind ferner die Zusammenhänge zwischen elektrischer Ladung und Funktion am Nerven; wird ein Nerv von einem Strom durchflossen, dann wird seine Erregbarkeit verändert; diesen veränderten Zustand nennt E. du Bois-Reymond Elektrotonus. Pflüger hat dann bekanntlich nachgewiesen, daß die Erregbarkeit im Katelektrotonus und im Anelektrotonus verschieden, z. B. bei Stromschluß an der Kathode vergrößert ist. Auch diese Erscheinungen kann man in gleicher Weise wie am Muskel erklären.

Wie aus der beifolgenden Skizze (Abb. 6) hervorgeht, findet bei der Durchströmung an der Anode außerhalb des Nerven eine Verstärkung des positiven Potentials statt, da die Na-Ionen nicht in den Nerven eindringen können; im Innern des Nerven findet an der Anode eine Verstärkung, an der Kathode, zu der die positiven Ionen wandern, eine Abschwächung des negativen Potentials der Innenseite des Nerven statt; an der Kathode ist also das Potential geringer als an der Anode, was ja stets mit einer größeren Erregbarkeit verbunden ist.

Alle diese Erscheinungen rechtfertigen die Annahme, daß durch die verschiedene Bindungsfähigkeit von Ionen durch bestimmte Kolloide der Zellen im Zellinnern Konzentrationsverschiebungen und damit Potentialdifferenzen entstehen. Aber auch die Konstanterhaltung des Ionenmilieus der Umgebung ist, wie aus unseren Erörterungen ohne weiteres hervorgeht, für die Funktion einer Zelle von ausschlaggebender Bedeutung. Geringe Veränderungen vermögen die Ladungsverhältnisse und damit die Erregbarkeit zu verändern; die H-Ionen, die ein besonders großes Aufladungsvermögen haben, sind dabei wichtig, wenigstens bei künstlicher Durchströmung von Organen, bei denen die Pufferung nicht so vollständig sein kann; aber auch die andern Ionen spielen für die Erregbarkeit eine beträchtliche Rolle.

Für das normale Funktionieren von Zellen höherer Tiere sind z. B. bestimmte Gemische von Alkali- und Erdalkalisalzen notwendig, die man äquilibrierte Salzlösungen nennt; Veränderungen der Konzentration eines Bestandteiles stört dieses Gleichgewicht, damit das Ionengleichgewicht in den Zellen und deren Funktion. Als Beispiel einer solchen äquilibrierten Salzlösung sei die Ringersche Flüssigkeit für Säugetierzellen erwähnt: sie besteht aus 0,9proz. NaCl, 0,02proz. KCl, 0,02proz. CaC$_2$, 0,01proz. NaHCO$_3$.

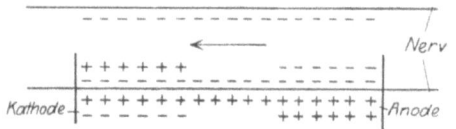

Abb. 6. An der Innenseite des Nerven sammeln sich die Anionen, an der Außenseite die Kationen der Salze im Nerven an; infolge des durch den Nerven hindurchgeschickten elektrischen Stromes, dessen Richtung durch die Pfeile gekennzeichnet ist, findet an der Anode eine Vergrößerung, an der Kathode eine Verkleinerung des elektrischen Potentials statt.

Eine beträchtliche Rolle spielt die Aufladung der Zellkolloide und die Veränderung dieser Aufladung für die Wasserversorgung der Zellen. Zunächst wissen wir ja, daß die Aufladung der Eiweißkörper mit einer Hydratation einhergeht; eine vielleicht ebenso große Rolle spielt sie auch durch die elektroosmotische Wasserwanderung in den Zellen. Wir wissen, daß Kapillaren je nach ihrer Eigenladung die Kat- oder Anionen des Wassers adsorbieren können und sich dadurch gegen das Wasser aufladen. Wenn zu beiden Seiten eines aus Kapillaren zusammengesetzten Diaphragmas eine Potentialdifferenz vorhanden ist, findet durch die Kapillaren eine entsprechende Wasserwanderung statt. Ein solches System von Kapillaren stellt z. B. auch eine Kollodiummembran vor; der Wasser- und Salzaustausch durch solche Membranen, z. B. durch ein Kollodiumsäckchen, findet natürlich so lange statt, bis innen und außen die gleiche Konzentration erreicht ist. Es ließ sich aber zeigen, daß das genau nur für höhere Salzkonzentrationen gilt; bei niederen Konzentrationen, etwa Tausendstelnormallösungen spielt nämlich die Aufladung der Membran eine beträchtliche Rolle: ist z. B. im Innern des Schlauches eine solch dünne Lösung von Natriumcitrat oder sonst eines Salzes mit mehrwertigem Anion, außen Wasser, dann strömt mehr Wasser ins Innere; dies ist so zu erklären, daß das Citration die Innenseite der Membran negativ auflädt; da das Wasser gegenüber den Kapillaren der Membran positiv geladen ist, wandert es dorthin, wo die größere negative Ladung ist, das ist in dem Fall nach innen; befindet sich im Innern des Schlauches eine so verdünnte $CaCl_2$-Lösung, dann wird das Ca-Ion die Innenseite der Membran positiv aufladen, das Wasser wandert daher nach außen und es tritt das eigenartige Phänomen auf, daß Wasser aus der Salzlösung ins reine Wasser hinauswandert, diese also zunächst konzentriert. Solche Vorgänge sind auch in den Zellen zu erwarten. Wir sehen also, daß auch für die elektrische Ladung der Zellen die Elektrik hydrophiler Kolloide maßgebend ist.

XII. Über Permeabilität und Spezifität.

Bisher haben wir einzelne kolloidchemische Phänomene besprochen, die für den Zustand der Zellen und für ihre Funktionen von Belang sind; es sind dieselben, die auch den Zustand unbelebter Kolloide und deren Veränderungen bedingen, Oberflächenspannung, Hydratation, elektrische Ladung. Nunmehr wollen wir untersuchen, ob auch Zusammenhänge zwischen der Gesamtfunktion einer Zelle und ihrem kolloiden Zustand bestehen, also ein Zusammenhang zwischen der Lebensfähigkeit und der Möglichkeit zu funktionieren und dem jeweiligen kolloiden Zustand. Dabei wollen wir als Funktionstüchtigkeit der Zelle ihre Fähigkeit auffassen, das für das Leben notwendige Gleichgewicht zwischen den Vorgängen in der Umgebung, also ihrer Umwelt, und den Vorgängen im Inneren, also ihrer Innenwelt herzustellen, demnach ein Gleichgewicht zwischen Stoffen und Energien innen und außen. Man pflegt diesen ganzen Komplex von Beziehungen als Permeabilitätsproblem zu bezeichnen; der Name hat seine historische Berechtigung darin, daß man annahm, daß die

Zellen von Membranen umgeben sind, die bald mehr, bald weniger durchlässig sind. Wir wollen den Namen beibehalten, ohne uns aber auf eine Theorie, etwa die Annahme oder Morphologie einer solchen Membran, festzulegen.

Wenn wir für die Lebenstüchtigkeit einer Zelle einen eigenen Zustand voraussetzen wollen, müssen wir zunächst nach Beweisen dafür suchen, daß im Austausch von Stoffen und Energien zwischen lebenden und toten Zellen Unterschiede bestehen. Dafür gibt es in der Tat eine Menge Beweise; so hat man an Pflanzenzellen, an den Pallisadenzellen von Buxus sempervirens, beobachtet, daß sie in hypertonischen Lösungen Salze aufnehmen, und zwar unabhängig vom Grade der Hypertonie; sind die Zellen aber tot oder geschädigt, dann wird in den gleichen Zeiten aus den entsprechenden Lösungen um so mehr Salz aufgenommen, je konzentrierter die Lösung ist, und zwar entsprechend dem Diffusionsgefälle, wie der Stoffaustausch zwischen verschieden konzentrierten Lösungen stattfindet; es gibt also eine „aktive Permeabilität" in lebenden Zellen; ähnlich ist der folgende Befund zu werten: Legt man Blätter von Elodea in Neutralrotlösungen, die sich in Säuren rot, in Alkalien gelb färben, dann dauert es etwa 25 Minuten, bis in n/40 NaOH-Lösung Gelbfärbung eingetreten ist, in Ammoniak tritt die Gelbfärbung nach 1 Minute auf; bei toten Zellen ist zwischen der Eindringungsgeschwindigkeit von NaOH und Ammoniak kein Unterschied. Diese Beispiele ließen sich beliebig vermehren. Wenn zwischen der Permeabilität lebender und toter Zellen ein so beträchtlicher Unterschied besteht, dürfen wir wohl annehmen, daß auch zwischen den verschiedenen Graden der Funktionstüchtigkeit einer Zelle intra vitam Unterschiede in der Permeabilität bestehen; wir wollen dazu für unsere Betrachtungen die beiden Grenzzustände der Lebensfähigkeit der Zellen, die gelähmte, narkotisierte einerseits und die gereizte, erregte andererseits, betrachten und uns die Frage vorlegen, ob die Permeabilität in beiden physiologischen Zuständen verschieden ist, und ob diesen beiden physiologischen Zuständen auch verschiedene kolloide Zustände der Zelle entsprechen. An den bereits erwähnten Pallisadenzellen von Buxus sempervirens ließ sich zunächst nachweisen, daß narkotisierte Zellen keine Salze aufnehmen; es erinnert diese Erscheinung an die bereits besprochenen Befunde, daß narkotisierte Blutzellen weniger Sauerstoff aufnehmen als nichtnarkotisierte. Auch die Stoffabgabe ist in der Narkose gehemmt; so werden Eier von Esox durch $NaNO_2$ vergiftet; sie geben Cl ab; durch Spuren Narkotica wird diese Giftwirkung gehemmt. An solchen Einzellern sprechen wir immer von Narkose, wenn wir Narkotica einwirken lassen; über den Grad der Narkose während der Hemmung der Permeabilität läßt sich natürlich nichts aussagen; sehr instruktiv sind daher Versuche an Muskeln, deren Erregbarkeit während des Versuches man mit Hilfe des elektrischen Stromes nachprüfen kann. Diese Versuche wurden folgendermaßen ausgeführt: Aus den zarten seitlichen Bauchmuskeln weiblicher Wasserfrösche werden kreisrunde Stücke herausgeschnitten und über die beiden offenen Enden kleiner Glaszylinder von etwa 2 ccm Inhalt gebunden, die mit einer Lösung von bekannter Zusammensetzung gefüllt sind. Man wägt die Glaszylinderchen, die Muskelmembranen und die gesamte Zelle, bringt das ganze System z. B. in ein Gefäß mit Narkoticumlösung, läßt es bestimmte Zeit darin und wägt hernach wieder; aus der Gewichtsveränderung und der Analyse des Inhaltes kann man dann ein Bild vom Stoffaustausch bekommen. Bei diesen Versuchen hat sich nun herausgestellt, daß Narkotica (Äthylalkohol, Äther, Chloroform) in Konzentrationen, in denen sie die Erregbarkeit der Muskeln aufheben, die **Permeabilität für Wasser und Salze lähmen**; diese Herabsetzung ist reversibel.

Im Zusammenhang mit bereits früher besprochenen Experimenten über den Zustand der narkotisierten Zelle kommen wir also zu folgender Vorstellung:

Die gelähmten Zellen sind:

1. „verdichtet", der Stoffaustausch ist vermindert (vgl. S. 53),

2. ihre Oberflächenspannung ist herabgesetzt,

3. es wurden Steigerungen der Viskosität beobachtet, entsprechend zunehmender Gelatinierung des Protoplamas (vgl. S. 49).

Diese drei Erscheinungen hängen kolloidchemisch zusammen; alle drei bestehen in einer Verringerung des Dispersitätsgrades der Plasmakolloide.

4. Kommt es auch zu Wasserverlusten unter dem Einfluß der Narkotica, wie an Blutkörperchen und Muskeln beobachtet wurde,

5. die Elektrolyte scheinen fester an die Zellkolloide gebunden, daher geringer Elektrolytaustausch, und damit zusammenhängend eine Zunahme der Polarisation.

Wir kommen somit zur zunächst schematischen Vorstellung, daß die Lähmung mit einer Verminderung des Dispersitätsgrades des Protoplasmas einhergeht, deren Konsequenzen die oben besprochenen Erscheinungen sind.

Nun zur Besprechung der erregten Zelle! Wenn man durch einen Menschen oder auch nur durch ein Stück Haut von Mensch oder Tier einen konstanten elektrischen Strom hindurchschickt und wir alterieren die Versuchsperson psychisch (z. B. durch Erschrecken), dann nimmt die Intensität des Stromes zu, d. h. nach unseren früheren Auseinandersetzungen, die Polarisierbarkeit der Haut nimmt ab, man nennt diese Erscheinung den psychogalvanischen Reflex; daß es sich hierbei wirklich um einen Erregungszustand der Hautzellen handelt, geht daraus hervor, daß man auch durch mechanisches Reiben der Haut die Polarisierbarkeit vermindert, während Einreiben der Haut mit einem narkotischen Stoff die Polarisierbarkeit erhöht. Die Abnahme der Polarisierbarkeit bedeutet aber, wie wir in der vorigen Vorlesung besprochen haben, daß die Bindungsfähigkeit der in Betracht kommenden Kolloide für die Ionen abnimmt, sie können daher die Zellen leichter passieren; tatsächlich ist auch z. B. von lichtempfindlichen Blättern bekannt, daß der Austritt von Salzen aus ihnen (KNO_3, KCl) bei Belichtung wesentlich größer ist als im Dunkeln; ebenso konnte an Muskeln bewiesen werden, daß sie in der Erregung größere Mengen Phosphorsäure abgeben, was sie im Ruhezustand nicht tun; es ist also während der Erregung der Stoffaustausch vermehrt; außerdem ist längst bekannt, daß erregte Zellen eine gesteigerte Stoffproduktion haben.

Wir können also für die erregte Zelle folgende Charakteristika anführen: 1. Zunahme der Stoffwechseltätigkeit, 2. herabgesetzte Viskosität, Verflüssigung (vgl. S. 49), 3. vermehrter Wassergehalt (vgl. S. 53), 4. geringere Bindungsfähigkeit für Elektrolyte.

Wir kommen also zur schematischen Vorstellung, die Erregung bestehe in einer Erhöhung des Dispersitätsgrades des Protoplasmas, also einer zunehmenden Verflüssigung, infolgedessen ist zwischen den einzelnen Kolloidteilchen mehr freies Wasser, und dadurch ist wiederum der Stoffaustausch gesteigert.

Erregung und Narkose sind also nicht nur physiologisch, sondern auch kolloidchemisch verschiedene, ja entgegengesetzte Zustände des Protoplasmas. Zwischen diesen Grenzzuständen pendelt der Zustand des Protoplasmas während des Lebens hin und her.

Wir müssen uns natürlich vor Augen halten, daß diese Vorstellung von dem kolloiden Aufbau von Zellen nur einen Grundriß darstellt, den spezifische Eigenschaften der einzelnen Zellen ausfüllen, unter Umständen auch verdecken können, so daß wir sämtliche als für einen physiologischen Zustand charakteristisch angesehene kolloiden Eigenschaften kaum je auf einmal wahrnehmen werden; **berechtigt erscheint uns dieser Grundriß aber dadurch, daß die Einzelphänomene, die wir als charakteristisch für das Zelleben angesehen haben, in bestimmten Zuständen auch kolloidchemisch zusammenhängen.**

Dabei ist es, wie schon gesagt, selbstverständlich, daß verschiedene Zellen und verschiedene Funktionen auch auf verschiedene Weise erregt oder gelähmt werden können, eben nach ihrer verschiedenen mikroskopischen Struktur und ihrer spezifischen Funktion. Zusammenhänge solcher spezifischer Funktionen mit kolloidchemischen Phänomenen aufzudecken, hat man sich vielfach, wenn auch noch mit geringem Erfolg, bemüht; ihre Besprechung gehörte in das Gebiet der speziellen Physiologie; wir erinnern nur daran, daß z. B. die tätige Darmzelle Cholin produziert, das die Darmtätigkeit anregt, daß durch Reizung des Nervus vagus eine Substanz in das Froschherz ausgeschieden wird, die genau so wirkt wie die Reizung des Nerven selbst, usw. Das sind eigenartige, ungemein fein abgestimmte chemische Reaktionen.

Es gibt aber auch Spezifitäten, die nicht mikroskopisch oder analytisch chemisch nachgewiesen werden können. Solchen Spezifitäten hat man Ultrastrukturen als Ursache zugrunde gelegt. Das Bedürfnis, solche anzunehmen, ist bei den Biologen seit jeher sehr groß gewesen, so nahm Nägeli morphologisch charakterisierbare, aber mikroskopisch nicht mehr sichtbare „Lebenseinheiten" an, die er Mizellen nannte, Wiesner nennt sie

Plasmone, Heidenhain Protomeren, Verworn Biogen usw. Die Annahme solcher einheitlicher Lebensmoleküle hat aber vielleicht einen philosophischen, sicher keinen wissenschaftlichen Wert. Eher dürften wir zu einem Verständnis gelangen, wenn wir solche Strukturen als kolloidchemische Einheiten auffassen, als Mischkolloide fein unterschiedener Zusammensetzung, die wir natürlich erst kennenlernen müssen.

Daß es solche Ultrastrukturen geben muß, dafür spricht zunächst die Differenzierung des Gewebes; nach Ansicht der Histologen scheiden die Keimblätter der sich entwickelnden Eizelle eine homogen aussehende Substanz zwischen sich aus, die kollagene Grundsubstanz, in der später fibrilläre Stränge auftreten, Tonofibrillen oder Plasmodesmen, und die Entwicklungsmechanik gibt uns unzählige Beispiele dafür, daß in einem undifferenzierten Gewebe plötzlich durch äußere Einflüsse Differenzierungen, Strukturen auftreten; dies ist aber wohl nur möglich, wenn bereits Ultrastrukturen vorhanden waren, so wie wir etwa in der Gelatine durch Zug oder Druck Doppelbrechung erzeugen können, nicht aber in einem vollkommen strukturunfähigen Körper. Schärfer ausgeprägt als diese morphologischen Strukturmöglichkeiten der Zellen sind gewisse physikalisch-chemische Spezifitäten.

Wie können wir es uns anders als durch verschiedenes ,,spezifisches" Ionenbindungsvermögen der Zellkolloide erklären, daß der Muskel z. B. eine andere mineralische Zusammensetzung hat, als die ihn ständig umspülende Blutflüssigkeit? Das Froschblut enthält 0,6 vH Na und 0,02 vH K, der Muskel 0,55 vH Na und 3 vH K; der Muskel hält eben das Kalium besser fest als das Natrium; entsprechend verliert auch ein Sartorius des Frosches, der 6 Stunden in isotonischer Rohrzuckerlösung gelegen hat, 90 vH seines Na-Gehaltes und bloß 6 vH seines Kaliumgehaltes. Daß das Salzbindungsvermögen einer Zelle für verschiedene Zustände derselben verschieden ist, beweist der Befund, daß z. B. befruchtete Seeigeleier mehr Ionen binden als unbefruchtete; auch spricht vieles für die Tatsache, daß die Alterserscheinungen (zunehmende Giftempfindlichkeit) roter Blutzellen in verschiedenem Ionenmilieu verschieden intensiv auftreten; auch die Tatsache, daß z. B. manche Schnecken bis zu 13 vH ihrer Asche Kupfer enthalten, während andere Protoplasmen schon durch Spuren davon getötet werden, spricht für chemische bzw. kolloidchemische Spezifitäten verschiedener Protoplasmen. Noch deutlicher treten die Spezifitäten bei den Fermenten hervor, die wir als Bruchstücke von Zellen kennengelernt haben, die einzelne Funktionen übernommen haben. Die bekannte spezifische Empfindlichkeit der Fermente ist nicht für alle gleich groß, sie hängt nicht allein vom Ferment, sondern auch vom Substrat ab; so ist die Spezifität am feinsten bei den kohlehydratspaltenden Fermenten ausgebildet, weniger bei den eiweißspaltenden, am geringsten bei den fettspaltenden.

Mit noch feineren Spezifitäten haben wir es schließlich bei den Eiweißkörpern des Blutserums zu tun. Die Eiweißkörper der verschiedenen Arten haben einen für diese spezifischen Bau, der sich nur mit den feinsten biologischen Methoden, der Präcipitinreaktion, Komplementablenkung, Anaphylaxie, identifizieren läßt. Ihre Ursachen sind nicht bekannt, doch können wir sie mannigfach variieren. Die Präcipitinreaktion besteht bekanntlich darin, daß das Serum eines Tieres A imstande ist, das Serum eines Tieres B und nur dieses Tieres B zu präcipitieren, wenn man dem Tier A einige Zeit vorher ein wenig von dem Serum des Tieres B injiziert hat. Diese Reaktion ist also artspezifisch. Injiziert man aber dem Tier A gekochtes Serum des Tieres B, dann präcipitiert das Serum von A sowohl gekochtes als ungekochtes Serum von B; hier kommt also zur Artspezifität noch eine Zustandsspezifität hinzu. Verwendet man jodierte oder nitrierte Eiweißkörper zur Vorbehandlung, dann wirkt das Serum des behandelten Tieres nicht mehr gegenüber dem Ausgangsserum, sondern gegenüber jodiertem oder nitriertem Serum verschiedener Arten; hier ist durch den schweren chemischen Eingriff die Artspezifität verloren gegangen, dafür eine andere Spezifität entstanden; schließlich reagiert das Serum von mit Diazobenzol-Rindereiweiß vorbehandelten Tieren nur mit Diazobenzol-Rindereiweiß, nicht mit gewöhnlichem Rindereiweiß und nicht mit Diazobenzol-Eiweiß aus den Seren anderer Tiere; hier ist also eine veränderte Artspezifität erhalten. Alle diese Spezifitäten sind an Eiweißkörpern nachgewiesen, die keinerlei nachweisbare physikalische Struktur besitzen; hier müssen wohl kolloidchemische strukturelle Unterschiede vorliegen.

Zwischen den groben morphologischen und chemischen Spezifitäten der Zellen verschiedener Organe und diesen feinen strukturchemischen Unterschieden der Serumeiweißkörper liegt das große Gebiet der Ultrastrukturen der Zellen, als deren Ursache wir den mannigfaltigen physikalischen und chemischen Aufbau des Mischkolloids Protoplasma ansehen dürfen, und wenn wir so sowohl die allgemeinen als auch die spezifischen Vorgänge in den Zellen und den Zellflüssigkeiten mit kolloidchemischen Methoden untersuchen, dann ist wohl zu erwarten, daß uns eine Verfeinerung der kolloidchemischen Analyse von Lebensvorgängen auch weitere Aufschlüsse über das physiologische und pathologische Geschehen bringen wird.

Sachverzeichnis.

Abbau 30.
Adhäsion 3.
Adsorption 18f.
Adsorptionskatalyse 45.
Adsorptionsverdrängung 19, 46.
Adsorptionsverstärkung 20, 47.
Aktionsstrom 53.
Alkalisalzwirkung 25, 32, 42, 54, 60.
Alkoholfällung 19.
Altern 24.
Amikronen 2.
Amphotere Elektrolyte 20, 30.
Anaphylaxie 63.
Anionen 15.
Aufladung 20, 31, 52.
Auflösung 3.

Basen 16, 31.
Brechungsexponent 9.
Brownsche Bewegung 7, 11.

Cassiusscher Purpur 6.

Dehydratation 24.
Denaturierung 6.
Diffusion 3, 7.
Disperse Phase 2.
Disperses System 2.
Dispersionsmittel 2.
Dispersionsvorgang 3.
Dispersitätsgrad 5, 57, 59f.
Dunkelfeld 9.

Eiweißkörper 27ff.
Elektrochemisches Äquivalent 15.
Elektroendosmose 14, 56.
Elektrokinese 14.
Elektrolyse 16, 51.
Elektrolyte, starke, schwache 16.
Elektrolytische Dissoziation 16.
Elektrotonus 53.
Emulsionskolloid 5.
Entmischung 37.
Entwicklungsmechanik 34.
Erdalkalisalze 25, 31, 42, 54.

Erregung 50, 59.
Erstarrung 22, 26, 37ff.

Fermente 48, 61.
Filtrierbarkeit 7.

Gallerte 6.
Gel 6.
Gelatinierung 22, 26, 37, 38.
Gleichgewicht 4.
Grobdisperses System 2.

Hämatokrit 37.
Helmholtzsche Doppelschicht 20.
Heterodispers 5.
Hitzegerinnung 24, 32.
Hochdispers 5.
Hofmeistersche Ionenreihen 25, 36.
Homodispers 5.
Hydratation 12ff., 24, 25, 31, 37.
Hydrolytische Spaltung 16.
Hydrophil 5, 27.
Hydrophob 5, 27.
Hysterese 23.

Ionen 14.
Irresolubles Gel 6.
Isoelektrischer Punkt 18, 21, 31.
Isolabil 22.
Isostabil 22.

Kältegerinnung 24.
Kapazität 51.
Kardioid 10.
Kataphorese 14.
Kationen 14.
Koagulation 11, 23, 37ff.
Kollagene Grundsubstanz 60.
Kolloides System 2ff.
Komplementablenkung 61.
Kondensation 3.
Kondensor 9.

Ladung, elektrische 18ff.
Lipoideiweiße 33.

Lösung 3f.
Lyophil 5.
Lyophob 5.

Massenwirkungsgesetz 15.
Membranen 7.
Mischkolloid 6.
Mizelle 24.
Molare Lösung 4.
Molekül 2ff.
Molekularbewegung 7.
Molekulardisperses System 2.

Narkose 35, 46, 57f.
Niedrigdispers 5.

Oberfläche 3ff.
Oberflächenenerige 11.
Oberflächenspannung 11ff. 44.
Oxydationsvorgänge 45.

Paraboloidkondensor 10.
Peptisation 4, 11, 23.
Permeabilität 55ff.
Phasengrenzkräfte 52.
Polarisation 51.
Polymerisation 24.
Präcipitine 61.
Primärteilchen 5, 24.
Protoplasma 6, 27, 37ff.
Pufferlösung 17, 43.

Quellung 13, 26, 32, 37, 41f., 45.
Quellungsdruck 27.
Quellungsgrad 26.

Reaktionskonstante 15.
Resoluble Gele 6.
Ruhestrom 52.

Säuren 16, 31.
Schwermetallsalzwirkung 25, 31,32.
Sekundärteilchen 5, 24.
Sol 3, 6.
Spaltultramikroskop 10.
Spezifität 62ff.
Stabilität 11ff.
Stalagmometer 12.
Struktur 22, 61f.
Suspensionskolloid 5.

Thermostrom 53.
Tyndallphänomen 8.

Ultrafiltration 8.
Ultramikroskopie 9.
Ultrastruktur 61.
Umladbarkeit 18.

Verflüssigung 22, 37.
Viskosität=Zähigkeit.

Wasserdepot 44.
Wasserstoffwechsel 40ff., 56.

Zähigkeit 7, 13, 22, 26, 31, 38, 49.
Zelltätigkeit 40f.
Zellteilung 49.
Zurückdrängung der Dissoziation 17.

Verlag von Julius Springer in Berlin W 9

Praktikum der physikalischen Chemie, insbesondere der Kolloidchemie für Mediziner und Biologen von Prof. Dr. med. **Leonor Michaelis,** Berlin. Dritte, verbesserte Auflage. Mit 42 Abbildungen. VIII, 198 Seiten. 1926. RM 7.50

Einführung in die physikalische Chemie für Biochemiker, Mediziner, Pharmazeuten und Naturwissenschaftler. Von Dr. **Walther Dietrich.** Zweite, verbesserte Auflage. Mit 6 Abbildungen. VIII, 109 Seiten. 1923. RM 2.80

Fachausdrücke der physikalischen Chemie. Ein Wörterbuch. Von Dr. med. **Bruno Kisch,** a. o. Professor an der Universität Köln a. Rh. Zweite, vermehrte und verbesserte Auflage. IV, 100 Seiten. 1923. RM 4.—

Die Eiweißkörper und die Theorie der kolloidalen Erscheinungen. Von **Jacques Loeb** †, Mitglied des Rockefeller-Instituts für Medizinische Forschung, New York. Deutsch herausgegeben von Carl van Eweyk-Berlin. Mit 115 Abbildungen. VIII, 298 Seiten. 1924. RM 15.—

Die Theorie der Emulsionen und der Emulgierung. Von Dr. **William Clayton,** Schriftführer des Ausschusses für Kolloidchemie der "British Association". Mit einem Geleitwort von Professor F. G. Donnan, Vorsitzender des Ausschusses für Kolloidchemie der "British Association". Deutsche, vom Verfasser erweiterte Ausgabe von Dr. **L. Farmer Loeb.** Mit 18 Abbildungen. 144 Seiten. 1924. RM 7.80; gebunden RM 8.70

Eiweißkörper und Kolloide. Zwei Vorträge für Biologen und Chemiker. Von Prof. Dr. **Wolfgang Pauli,** Vorstand des Instituts für medizinische Kolloidchemie der Universität Wien. IV, 32 Seiten. 1926. RM 2.40
(Verlag von Julius Springer in Wien)

Die Maßanalyse. Von Dr. **I. M. Kolthoff,** Konservator am Pharmazeutischen Laboratorium der Reichs-Universität Utrecht. Unter Mitwirkung von Dr.-Ing. H. Menzel, Dresden. Erster Teil: Die theoretischen Grundlagen der Maßanalyse. Mit 20 Abbildungen. XII, 254 Seiten. 1927. RM 10.50; gebunden RM 11.70

Der Gebrauch von Farbindicatoren. Ihre Anwendung in der Neutralisationsanalyse und bei der colorimetrischen Bestimmung der Wasserstoffionenkonzentration. Von Dr. **J. M. Kolthoff,** Konservator am Pharmazeutischen Laboratorium des Reichs-Universität Utrecht. Dritte Auflage. Mit 25 Textabbildungen und einer Tafel. XI, 288 Seiten. 1926. RM 12.—; gebunden RM 13.20

Verlag von Julius Springer in Berlin W 9

Praktikum der physiologischen Chemie. Von **Peter Rona.**
Erster Teil: **Fermentmethoden.** Mit 73 Textabbildungen. XII, 332 Seiten. 1926. RM 15.—
Zweiter Teil: **Blut, Harn, Körperflüssigkeiten.** In Vorbereitung.
Dritter Teil: **Stoff- und Energiewechsel.** Von Professor Dr. **Peter Rona,** Professor an der Universität Berlin, und Privatdozent Dr. **H. W. Knipping,** Direktorialabteilung des Krankenhauses Eppendorf, Hamburg. Mit etwa 90 Textabbildungen. Erscheint im Frühjahr 1927

Einführung in die Mathematik für Biologen und Chemiker. Von Dr. **Leonor Michaelis,** a. o. Professor an der Universität Berlin, z. Z. Johns Hopkins Hospital, Baltimore, Maryland, U. S. A. Dritte, erweiterte und verbesserte Auflage. Mit etwa 120 Textabbildungen.
Erscheint im Frühjahr 1927

Einfaches pharmakologisches Praktikum für Mediziner. Von **R. Magnus,** Professor der Pharmakologie in Utrecht. Mit 14 Abbildungen. VIII, 51 Seiten. 1921. Mit Schreibpapier durchschossen.
RM 2.—
Darf nicht nach Holland und den holländischen Kolonien geliefert werden.

Grundlehren der allgemeinen Physiologie. Von **William Maddock Bayliss †,** ehemals Professor für Allgemeine Physiologie an der Universität London. Nach der dritten englischen Auflage ins Deutsche übertragen von L. Maass und E. J. Lesser. Mit 205 Abbildungen. XVI, 951 Seiten. 1926. RM 39.—; gebunden RM 40.50

Kurzes Lehrbuch der physiologischen Chemie. Von Dr. **Paul Hári,** o. ö. Professor der physiologischen und pathologischen Chemie an der Universität Budapest. Zweite, verbesserte Auflage. Mit 6 Textabbildungen. X, 354 Seiten. 1922. Gebunden RM 11.—

Kurzes Lehrbuch der allgemeinen Chemie. Von **Julius Gróh,** o. ö. Professor der Chemie an der Tierärztlichen Hochschule Budapest. Übersetzt von Paul Hári, o. ö. Professor der Physiologischen und Pathologischen Chemie an der Universität Budapest. Mit 69 Abbildungen. VIII, 278 Seiten. 1923. Gebunden RM 8.—

Praktikum der qualitativen Analyse für Chemiker, Pharmazeuten und Mediziner von Dr. phil. **Rudolf Ochs,** Assistent am Chemischen Institut der Universität Berlin. Mit 3 Abbildungen im Text und 4 Tafeln. VIII, 126 Seiten. 1926. RM 4.80

Praktikum der quantitativen anorganischen Analyse. Von **Alfred Stock** und **Arthur Stähler.** Dritte, durchgesehene Auflage. Mit 36 Textfiguren. VIII, 142 Seiten. 1920. Unveränderter Neudruck. 1926. RM 4.20

Die Ausbildung des Mediziners. Eine vergleichende Untersuchung. Von **Abraham Flexner.** Ins Deutsche übertragen von Walther Fischer, Rostock. VI, 285 Seiten. 1927. RM 9.—

| MIX |
| Papier aus verantwortungsvollen Quellen |
| Paper from responsible sources |
| FSC® C105338 |

If you have any concerns about our products,
you can contact us on
ProductSafety@springernature.com

In case Publisher is established outside the EU,
the EU authorized representative is:
**Springer Nature Customer Service Center GmbH
Europaplatz 3, 69115 Heidelberg, Germany**

Printed by Libri Plureos GmbH
in Hamburg, Germany